고전압 자동차와 CAN-OBD

진단 및 센서

이경섭 저

D.B.Info

고전압자동차와 CAN-OBD

진단 및 센서

이 경 섭 저

복두출판사

Prologue

산업혁명이 시작된 지 약 150년, 이제 우리는 4번째 산업혁명을 눈앞에 두고 있다. 4차 산업혁명의 핵심은 디지털화(Digitalization)된 명시적 지식들과 암묵적 지식을 바탕으로 하는 맞춤의 대량화(Mass customization)이다. 이는 이는 자동차산업에서도 마찬가지이다.

초기의 내연기관 자동차에서부터 하이브리드자동차, 전기 자동차 그리고 연료전지 자동차까지 다양한 동력발생장치 자동차들이 등장했으며 이젠 자율주행자동차 실행까지 목전에 두고 있다. 자동차의 생산, 관리, 소비, 정비점검, 리사이클링에 이르기까지 모든 과정에서 패러다임적 변화의 바람이 불어오고 있다.

지난 20여 년 사이 자동차에는 더욱 많은 전기 전자부품들과 부품들의 덩어리인 모듈들이 사용되어왔고 앞으로도 자동차 구동장치 및 편의장치들의 전력화는 더욱 가속화될 전망이다. 유럽 선진 자동차업체들은 이미 전기 자동차와 하이브리드자동차 및 연료전지 자동차모델들을 시장에 선보이기 시작했고 2020년부터 맞춤의 대량화(Mass Customization)로 생산될 폴크스바겐의 ID모델들과 메르체데스의 EQ모델들이 출시될 예정이어서 본격적인 고전압 자동차시대로 돌입하게 된다.

하루가 다르게 기하급수적으로 많아지는 각 부품들간의 정보량으로 인해 자동차의 통신망 시스템 또한 광통신과 디지털 커넥티드 드라이브 등을 기반으로 비약적으로 확장하면서 발전하고 있다.

자동차의 감각기관이라 할 수 있는 각종 센서들로부터 얻은 다양한 정보들은 새로 개발된 통신망 시스템에 전달되어 각 운전조건에 따른 최적의 운행상태를 제공함으로써 안전성과 편의성은 물론 친환경성까지 향상시키고 있다.

2000년대부터 전 세계 자동차 통신표준시스템으로 제정되어 실용화된 CAN-BUS 시스템과 90년대 말에 등장하기 시작한 하이브리드 고전압 전기 자동차는 이제 자동차 역사에서 중요한 변곡점이 되었다. 그 후 고전압자동차를 위한 전기전자부품들이 꾸준히 늘어나면서 현대의 자동차 기능은 더욱 복잡해지고 정교해졌다.

현재는 물론 미래의 복잡하고 정교한 자동차들을 정확하고 빠르게 진단하고 수리, 관리하기 위해서는 기존의 진단법과 정비점검기술 방식만으로는 부족해졌다. 다양한 신기술들에 대한 새로운 진단방법과 정비점검기술은 물론 그에 따른 새로운 자동차기술교육과정 및 시스템이 필요하게 되었다.

이러한 변화에 조금이라도 부응하고픈 마음에서 이 책을 내게 되었으며 이 책이 현재 자동차기술에 대한 기본입문서로서 유용하게 쓰이기를 기대하는 마음이다.

2019. 06. 22. Berlin에서 이경섭

Reference

Seit vielen Jahren arbeiten wir mit Herrn Kyungsub in der Aus- und Weiterbildung von Jugendlichen und Erwachsenen eng zusammen.

So entwickeln wir mit Herrn Kyungsub gemeinsam Curricula in Kfz-Technischen Bereichen mit den Schwerpunkten Elektronik und Hochvolttechnik.

Herr Kyungsub übersetzte für uns die technischen Unterlagen in Koreanisch und war im Unterricht oft als Dolmetscher tätig.

Dabei entwickelte er sich selbst zu einem Experten in den genannten Kfz-Technischen Gebieten und leistete einen wesentlichen Beitrag zur Vermittlung der Inhalte.

In seinem Buch spiegelt sich genau diese Expertise wieder und kann als ein qualitativ hochwertiges Fachbuch eingestuft werden.

Dieter Rau

Präsident der Kfz Meisterschule und Geschäftsführer

Innung des Kraftfahrzeuggewerbes Berlin

우리 베를린 자동차 마이스터학교는 수년 전부터 청년과 일반인을 대상으로 한 자동차기술 교육 및 재교육분야의 교육내용을 이경섭씨와 친밀하게 협력해 왔습니다. 그리고 전자기술과 고전압기술을 중심으로 한 자동차기술 분야의 커리큘럼을 만드는데도 함께 했습니다.

그는 우리를 위해 자동차에 관한 기술적인 내용을 한국어로 번역해 주기도 하였고 수업시간에는 통역을 맡아 해주기도 했습니다.

그러면서 그는 스스로를 전자와 고전압분야의 자동차기술전문가로 발전시켰습니다. 그의 이러한 자동차 전문 지식은 이 책 속에 그대로 전달되었으며 훌륭한 자동차전문기술책으로 자리매김할 수 있을 것입니다.

디터 라우

베를린 마이스터학교 총장 겸 베를린 자동차협회장

CONTENTS

Chapter 5. 모던자동차의 감각기관인 센서의 기본구조와 파형 / 129

Chapter 1

고전압 자동차와 시스템모듈

- 고전압 자동차의 정의
- 고전압 자동차의 종류
- 고전압 자동차 시스템 모듈

고전압 자동차의 정의

고전압으로 작동되는 전기모터와 그에 따른 전기에너지 저장장치인 배터리 및 에너지교환장치인 컨버터장치 및 인버터장치, 충전시스템 등 이러한 고전압 장치들과 시스템들로 구성된 모든 자동차들을 고전압자동차(High Voltage Vehicle) 혹은 고전압시스템(High Voltage System)이라 한다.

현재 상용화된 전기자동차 및 하이브리드자동차 등 고전압 자동차들은 최하 직류 350볼트에서 400볼트까지 상용화되어 있으며 2020년 이후에는 800볼트 혹은 그 이상 높아질 것으로 전망되고 있다.

독일은 고전압을 인체에 가해지는 치명적인 상해를 기준으로 교류 25V 이상, 직류 60V 이상으로 정의하고 있으며, 유럽연합(EU)이 정한 고전압 기준치는 교류전압(AC) 30V 이상, 직류전압(DC) 60V 이상이다. 그 이상의 전압이 사람의 몸에 흐르면 체내 단백질 성분을 순식간에 분해하고 교란시킬 수 있기 때문이다.

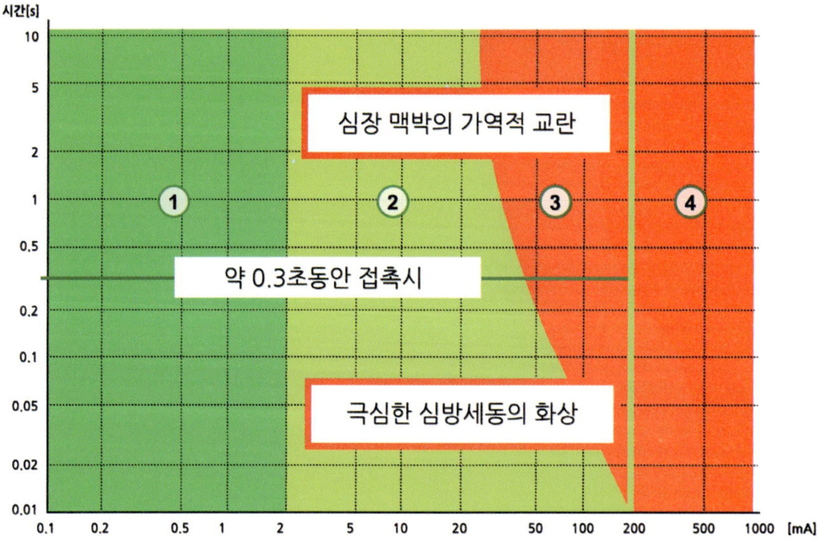

① 범위(초록색) : 안전지역
② 범위(노란색) : 가벼운 감전상태, 근육경련
③ 범위(주황색) : 근육경련, 호흡곤란
④ 범위(빨간색) : 심장정지, 호흡정지

[그림 1.1] 고전압의 정의

예를 들어 0.3초 동안 200 [mA] 전류에 노출되거나 감전되면, 즉 그래프 내 빨간색 범위 4에 들어가면, 심장정지나 호흡이 멈추는 비가역상태가 된다.

유럽연합은 2016년부터 ECE(Economic Commission for Europe)에 따른 자동차 인증 ECE R100 규정을 정해 고전압자동차에 대한 인증기준과 고전압 차단 정비교육(EUP: Elektrotechnisch unterwiesene Person(Electrically trained person)을 의무화했다.

따라서 자동차 신규 정비교육(Ausbildung)은 물론 고전압 자동차를 다루는 모든 현직 정비사와 기존 자동차 정비 명장(Meister), 관련 엔지니어, 기술자 등은 고전압에 대한 다양한 EUP 재교육(Weiterbildung, Fortbildung, Umschulung)을 의무적으로 받도록 규정했다.

고전압 자동차의 종류 (High Volltage Vehicle)

1. 전기자동차

자동차의 가솔린엔진이나 디젤엔진은 내연기관으로 에너지를 변환해주는 기계장치다. 내연기관은 석유에너지가 갖고 있는 화학적 에너지를 열에너지로 전환시켜 운동에너지로 변환시켜주는 동력기관으로 가솔린엔진의 최대효율은 37% 정도, 디젤엔진의 최대효율은 약 45% 정도이다.

엔진의 출력은 내연기관의 피스톤왕복운동의 분당 회전수에 따라 비례해 상승한다. 즉 회전수와 출력은 비례적이다. 따라서 엔진 회전수가 없으면 출력도 없다.

대부분의 자동차들이 장착하고 있는 피스톤왕복 내연기관은 시내주행 같은 부분부하 운전 시 평균 효율이 20% 내외가 된다.

반면 전기모터는 피스톤왕복운동을 하는 내연기관과는 다른 특성지표를 갖는다. 전기모터의 최대효율은 약 94%로 피스톤왕복 내연기관에 비해 월등히 높다. 특히 회전수가 제로인 상태에서부터 출발과 동시에 높은 회전모멘트(토크)를 낼 수 있는 특성이 있다.

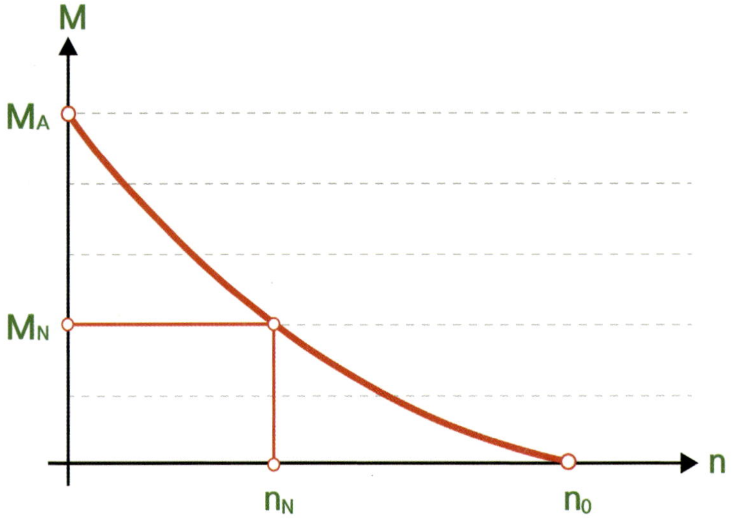

M : 회전 모멘트

N : 회전수

[그림 1.2] 전기모터의 토크-회전수 관계

따라서 전기모터는 짧은 시간 내 높은 회전모멘트와 출력을 낼 수 있어 중량이 무거운 기차나 지하철 등에 널리 사용되어 왔고 처음 등장하면서부터 교통기관의 동력원으로 사용되기 시작했다.

대부분의 디젤기관차들도 디젤엔진이 직접 기차바퀴를 구동하는게 아니라 디젤엔진을 이용해 발전기를 돌려 전기를 발생시킨 후 전기모터를 구동해 기차의 바퀴를 돌리는 방식이었다.

오래전부터 궤도차부분에 사용되어 오던 디젤-전기모터 하이브리드 구동방식은 21세기에 들어서면서 대부분 전기기관차로 바뀌었다. 그러므로 하이브리드의 원조는 자동차보다는 궤도차 즉 철도 분야에서 먼저 적용되었다고 볼 수 있다.

최초로 전기모터를 발명하여 역사에 기록으로 남긴 사람은 미국의 토마스 다벤포트(Thomas Davenport 1802-1851)이다. 그의 특허는 기록으로는 남았지만 상용화되진 못했다. 대신 같은 해 독일 프로이센의 모리츠 헤르만 야코비(Moritz Hermann von Jacobi 1801~1874)가 제작한 실용적인 전기모터가 궤도차의 동력원으로 자리잡기 시작했다.

최초의 전기승용차는 1888년 독일 코부르크(Coburg)의 플록켄 기계제작사(Maschinenfabrik A. Flocken, Coburg)가 만든 플록켄 일렉트로바겐(Flocken Elektrowagen)이다. 본격적인 승용을 목적으로 4개의 바퀴를 갖는 최초의 전기차모델이었다.

플로켄 일렉트로바겐 이전에도 수 많은 회사들이 전기모터로 바퀴를 구동하는 시스템을 발명했으나 대부분 2~3개의 바퀴가 달린 라이트바겐(Reitwagen : 말 대신 전기모터로 가는 마차)이었으며, 1885년에 고트립 다이믈러(Gottrieb Daimler)가 만든 라이트바겐(두 개의 바퀴가 있고 뒷바퀴 양쪽에 2 개의 작은 보조바퀴가 달려있음)은 오토바이의 시초가 되었다.

[그림 1.3] 플록켄 전기자동차

하지만 전기자동차의 전성기는 1868년 에띠엔느 르노아(Etienne Lenoir)와 1885년 칼 벤츠(Carl Benz)에 의해 내연기관이 자동차 동력원으로 등장하고 상용화되기 시작한 1910년대 초까지였다.

이후 피스톤왕복 내연기관의 비약적인 발전과 더불어 수월한 연료공급 그리고 인프라의 확대로 인해 자동차의 동력원으로서의 전기모터는 자취를 감추게 된다.

전기모터는 낮은 회전수 부분에서 높은 회전모멘트가 나오는 고유의 특성 때문에 자동차의 바퀴를 구동하는데 있어 궁극적으로 가장 이상적이다. 하지만 배터리, 즉 무거운 축전지 혹은 2차전지(accumulator) 외에는 전기에너지를 휴대할 수 없다는 결정적인 단점과 2차전지의 낮은 에너지 저장률 그리고 그에 따른 운행거리 제한, 긴 충전시간 등으로 인해 서서히 사라질 수밖에 없었다.

전기자동차는 1970년대 들어 다시 주목을 받게 되는데 석유파동으로 인한 유가 상승과 미국 캘리포니아 대기 자원위원회(California Air Resources Board)가 제정한 무공해자동차(ZEV: Zero Emission Vehicle) 개념[1] 때문이었다.

그러다가 최근에는 내연기관의 배출가스로 인한 환경오염과 기후변화에 대응하기 위한 대책으로 전기모터자동차가 본격적으로 다시 등장해 주목받고 있다.

오늘날 자동차내연기관의 배출가스로 인한 환경오염의 주된 요인은 피스톤 왕복 내연기관의 실린더 내로 흡입된 혼합기를 짧은 시간에 연소하는 과정에 발생하는 질소산화물(NO_x)과 탄화수소(CH) 및 매연(PM) 등이고 기후변화를 유발하는 온실효과의 주범은 이산화탄소(CO_2)이기 때문이다.

---

1) 무공해 자동차(Zero Emission Vehicle) 개념
1990년에 제정된 저공해자동차(LEV : Low Emissions Vehicle)의 궁극적 목표로 캘리포니아 대기자원위원회(California Air Resources Board : CARB)에서 정한 개념이다.
CARB는 나아가 2003년, 대량생산 판매 자동차 메이커들은 일정한 비율의 무공해자동차를 의무적으로 제작, 판매해야 한다는 규정을 정했다. 무공해자동차로 전기자동차를 지칭한 것은 아니었지만 현실적으로 공해물질을 배출하지 않는 에너지변환기는 전기모터뿐이어서 전기모터가 갖는 여러 가지 문제들, 즉 운행거리 제한, 충전인프라시스템 결여, 2차전지의 전기에너 지 저장문제 등 기술적 난제들과 높은 가격문제 등이 해결되지 않은 당시의 상황에선 무리를 빚을 수 밖에 없었다.
결국 이 규정은 자동차제작회사들과 소비자들의 반발로 몇 차례 지연되면서 무공해 자동차 개념은 AT-PZEV(Advanced Technology Partial Zero Emission Vehicle)으로 완화되었다. AT-PTEV는 PZEV(Partial Zero-Emissions Vehicle : 극소량의 배기가스를 배출하는 차량) 혹은 SULEV(Super Ultra Low Emissions Vehicle : 초저공해 자량으로 기존 LEV차량의 10% 수준의 배출가스를 허용하는 차량) 등으로 나뉘기도 하지만 같은 AT-PZEV 카테고리 안에 들어간다. 2004년에 출시한 토요타 2세대 프리우스(휘발유-전기모터 하이브리드)모델이 이 카테고리로 첫 인증을 받았다.

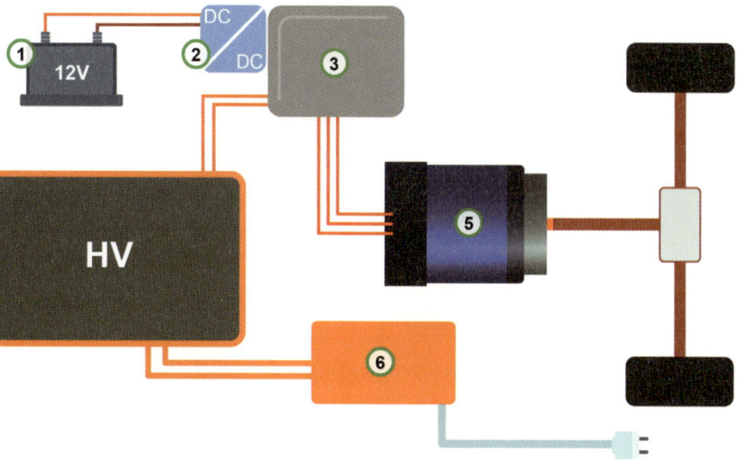

① 보드 에너지 저장 장치(12V 배터리)
② 직류/직류 변환기
③ 인버터
④ 고전압 에너지 저장 장치(구동용 배터리)
⑤ 전기모터
⑥ 충전기

[그림 1.4] 전기자동차의 구조

[그림 1.5] 독일 BMW사가 최초로 대량생산하는 전기승용차 모델 BMW i3 모델

i3 모델은 BMW가 2010년에 별도로 설립한 BMWi 회사에서 2013년에 제작해 신차로 발표한 독일 최초의 전기자동차이다. BMW i 시리즈중 가장 먼저 일반 판매에 나선 i3 모델은 120Ah / 42kWh 배터리 패키지로 구동하는 순수한 전기자동차로 이론상 주행거리가 상온 섭씨 22도에서 WLTP-드라이브 사이클로 주행시 363km에 달한다. 하지만 리튬이온전지는 온도차이에 따라 성능의 변화가 매우 심해 계절별 기온변화에 매우 민감하다는 단점이 있다.

WLTP 및 RDE 주행 테스트와 에너지소비 측정

WLTP(Worldwide harmonized Light vehicles Test Procedure)의 자동차 주행 테스트 사이클은 WLTC(Worldwide harmonized Light vehicles Test Cycle)로 명명되었고 이 주행테스트는 디젤 게이트 사건 이후인 2017년 9월부터 발효 시행되었다.

WLTC는 이전 테스트방식인 NEDC(New European Driving Cycle : 유럽 연비측정방식) 70/220/EWG 규정보다 실제 환경과 최대한 부합하는 주행 사이클로 배출가스측정과 에너지소비를 측정하도록 한 방식이다. 특히 전기 및 하이브리드, 연료전지자동차가 증가함에 따라 기존 화석연료 소비와 배출가스 뿐 아니라 전기에너지소비 측정도 가능하도록 설계되었다.

관련 전문가들은 WLTC 사이클측정에서 측정한 평균 연료 소비가 NEDC 사이클측정보다 최대 25% 더 높을 것으로 예상했고 실제로도 차량모델에 따라 비슷한 연료 및 에너지 소비 차이를 나타내고 있다. 통일된 테스트 운행 사이클(Harmonized driving Cycle)과 측정 절차(Duty Test Procedure =DTP)도 자동차를 최고 속도를 기준으로 3등급으로 나누어 표준화했다.

WLTC테스트 방법은 출력대비 무게 비율(PWr : Power to Weight ratio)을 기준으로 다음과 같이 자동차를 세 등급으로 나누었다. 자동차는 공차중량으로 표시하며 주로 1000kg을 1t(톤)으로 표시한다.

클래스 1: PWr ≤ 22 kW/t인 저출력 자동차
클래스 2: 22 kW/t < PWr ≤ 34 kW/t 범위의 자동차, 승합차 및 소형 화물차
클래스 3: PWr > 34 kW/t 이상 고출력 자동차, 일반 승용차

일반적으로 보통의 승용차는 대부분 공차중량당 46마력(34kW/t) 이상이므로 클래스 3에 속한다. 각 클래스별 테스트 주행조건과 주행모드는 다음과 같다.

[표 1.1] 클래스 1 테스트 조건 및 주행 모드

	저속(low)	중속(Medium)	합계
기간 [sec]	589	433	1.022
정지기간 [sec]	155	48	203
거리 [m]	3.324	4.767	8.091
stop(정지)비율[%]	26,3	11,1	19,9
최고속도[km/h]	49,1	64,4	
평균속도(stop비포함)[km/h]	27,6	44,6	35,6
평균속도(stop포함) [km/h]	20,3	39,6	28,5
최고감속[m/s2]	1,0	-0,6	
최고가속[m/s2]	0,8	0,6	

클래스 1 차량의 WLTC 테스트주행 주기는 저속과 중속의 두 부분으로 구성되어 있지만, 저속-중속-저속 순으로 사실상 세 부분으로 진행된다. 테스트차량의 최대 속도가 시속 70km/h 이상일 경우 중속은 저속으로 대체되어 테스트한다.

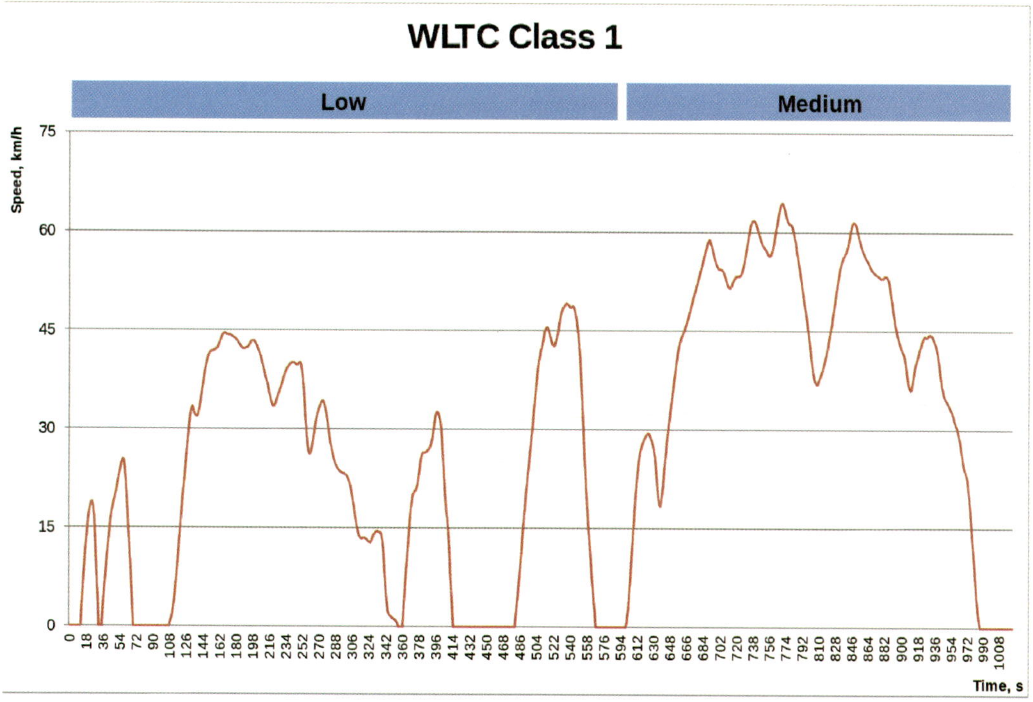

[그림 1.6] 클래스 1의 주행코스

[표 1.2] 클래스 2 테스트 조건 및 주행 모드

	저속(Low)	중속(Medium)	고속(High)	합계
기간 [sec]	589	433	455	1477
정지기간 [sec]	155	48	30	233
거리 [m]	3.132	4.712	6.820	14.664
stop(정지)비율[%]	26,3	11,1	6,6	15,8
최고속도[km/h]	51,4	74,7	85,2	
평균속도(stop비포함)[km/h]	26,0	44,1	57,8	42,4
평균속도(stop포함)[km/h]	19,1	39,2	54,0	35,7
최고감속[m/s^2]	-1,1	-1,0	-1,1	
최고가속[m/s^2]	0,9	1,0	0,8	

클래스 2 차량의 WLTC 테스트주행 주기는 저속, 중속 및 고속의 세 부분으로 구성된다. 차량의 최대 속도가 시속 90km/h 이상인 경우 고속 테스트주행은 다른 저속 주행테스트로 교체된다.

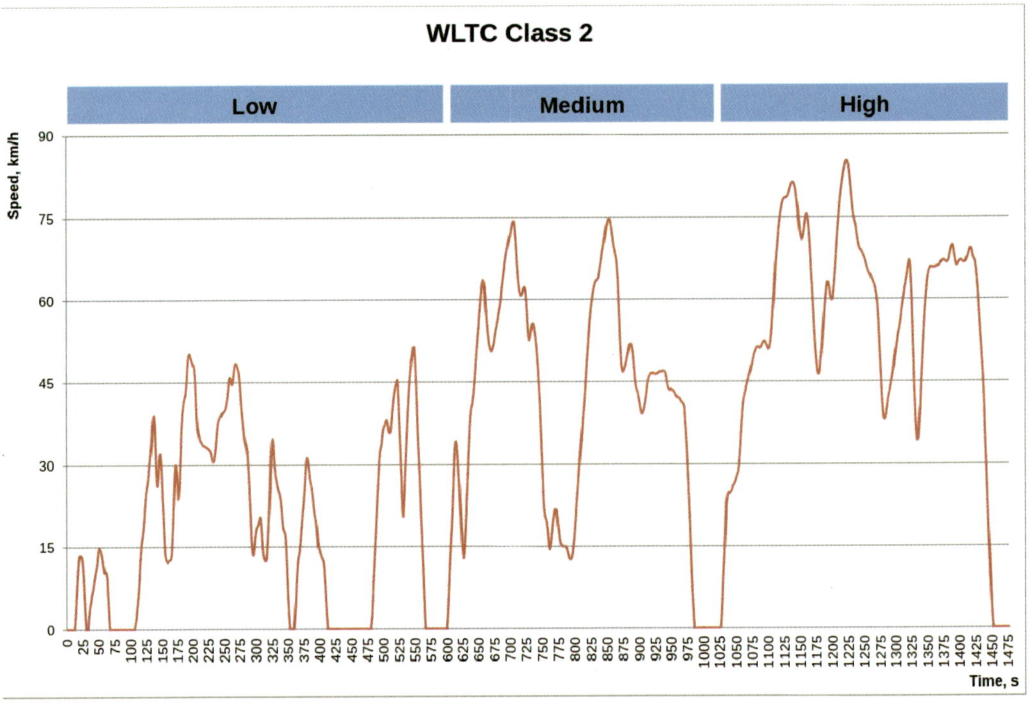

[그림 1.7] 클래스 2 주행코스

[표 1.3] 클래스 3 테스트 조건 및 주행 모드

	저속	중속	고속	초고속	합계
기간[sec]	589	433	455	323	1800
정지기간[sec]	156	48	31	7	242
거리[m]	3.095	4.756	7.158	8.254	23.262
stop(정지)비율[%]	26,5	11,1	6,8	2,2	13,4
최고속도[km/h]	56,5	76,6	97,4	131,3	
평균속도(stop비포함)[km/h]	25,7	44,5	60,8	94,0	53,8
평균속도(stop포함) [km/h]	18,9	39,5	56,6	92,0	46,5
최고감속[m/s²]	-1,5	-1,5	-1,5	-1,2	
최고가속[m/s²]	1,5	1,6	1,6	1,0	

클래스 3 차량의 WLTC 테스트주행 주기는 저속, 중속, 고속 및 초고속의 네 부분으로 구성된다. 차량의 최대 속도가 시속 120km/h 이상인 경우 나머지 초고속테스트주행은 저속 주행테스트로 교체된다.

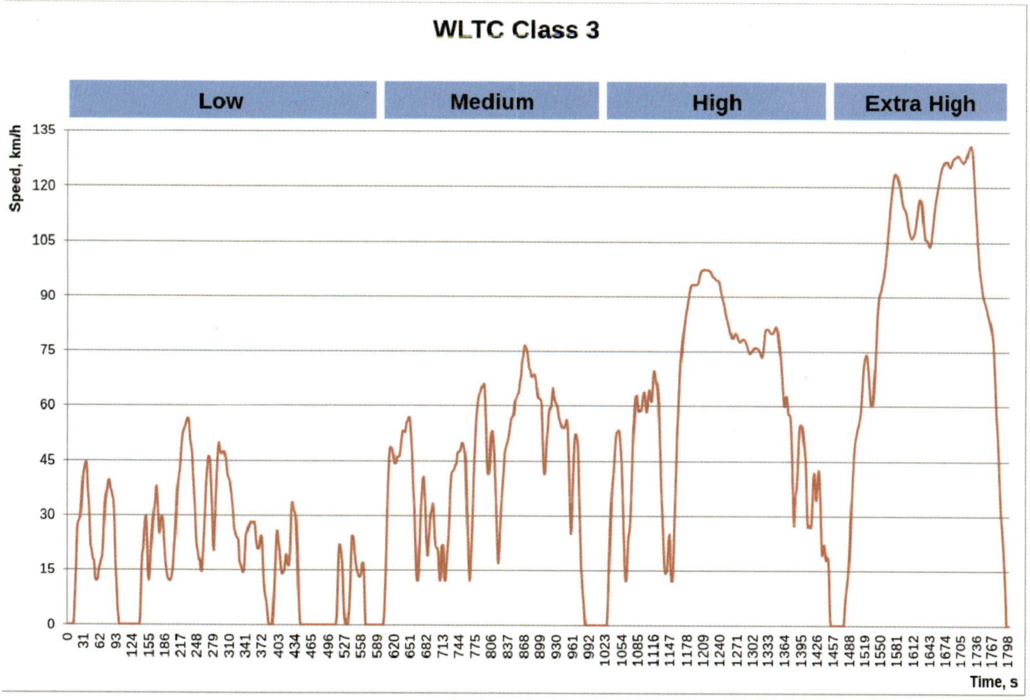

[그림 1.8] 클래스3 주행코스

RDE(Real Driving Emissions) 주행 테스트

각기 서로 다른 옵션들과 특별 옵션 장착여부 등에 따라 WLTP 실험실 테스트 주행으로 결정하기 어려운 부분에 대해서는 부가적으로 실제 도로주행으로 진행되는 RDE(Real Driving Emissions)테스트(실제 주행 배출량)를 통해 결정한다.

도시주행과 일반 도로주행 및 고속도로 주행이 혼합된 RDE 주행 테스트인 경우 차량에 휴대용 계량 시스템(PEMS : Portable Emission Measurement System)이 장착되며 90~120분 동안 2번 반복해 실행된다. RDE 테스트는 WLTP보다 20% 이상 연료소비가 증가하게 된다.

RDE의 주행사이클은 특별히 정해진 것이 없지만 RDE주행 테스트 중 최고 속도는 145km/h를 초과하지 않아야 한다.

따라서 새로 도입된 RDE주행 테스트는 실제 교통주행 상황과 딱 맞는 디젤엔진의 질소산화물 측정이 가능하다. RDE 테스트는 2019년 9월부터 모든 디젤 자동차 신규 형식승인 등록에 Euro 6d 기준이 적용되었다.

WLTP(WLTC)와 기존 NEFZ(NEDC)의 비교

클래스 3에 해당하는 일반 승용차의 WLTP/WLTC 주행테스트와 NEFZ 주행테스트의 중요한 차이는 다음 표와 같다.

[표 1.4] 클래스 3의 WLTP(WLTC)와 NEFZ(NEDC)의 비교

측정	WLTP(WLTC)	NEFZ(NEDC)
출발온도 섭씨 25도	냉간 시동	냉간 시동(유로 3부터)/ 40초 후 냉간 시동(유로 2까지)
사이클 시간	30 min	20 min
정지(아이들링) 시간	13%	25%
사이클 길이	23.250 m	11.000m
평균속도	46.6 km/h	34 km/h
최고속도	131 km/h	120 km/h
평균 구동력	11 kW	7 kW
최대 구동력	42 kW	34 kW
특수 장비의 영향	선택 사양 중량, 공기 역학 및 차량 보드 전기 시스템(대기 전류 (quiescent current)고려	고려하지 않음

최저 에너지 소비(Lower consumption limit)

각 주행 사이클 주기마다 특정 차량에 대한 이론적인 최저 에너지 소비값은 $E_{\min}/\mathrm{MJ}$으로 정할 수 있다.

최저 에너지 소비는 마찰과 손실이 없는 구동과 브레이크 에너지의 완전한 회수라는 전제하에 오직 롤(Roll)저항과 공기마찰만을 고려한 최소 에너지 소비는 다음 식으로 정한다.

$$E_{\min} = (m \cdot g \cdot c_R + \frac{1}{2} \cdot \rho \cdot RCS \cdot c_W \cdot A) s_N$$

예를 들어,

차량 중량 : $m = 1500\ \mathrm{kg}$

중력가속도 : $g = 9{,}81\ \mathrm{m/s^2}$

롤 마찰계수 : $c_R = 0{,}015$

공기밀도 : $\rho = 1{,}2\ \mathrm{kg/m^3}$

사이클의 특성값(상대 입방 속도) : $RCS = \frac{1}{s_Z} \int_{(T)} v^3(t)dt$

공기마찰 계수 : $c_W = 0{,}25$

주행거리 : $s_N = 100\,000\ \mathrm{m}$

경로거리 : s_Z

사이클시간 : T

조건으로 주어진다면 주행거리 100.000m에 각 사이클에 따른 승용차의 최소 에너지소비는 다음 표와 같다.

[표 1.5] 서로 다른 주행 사이클에 따른 최저 에너지소비

사이클	WLTC(WLTP)	NEDC(NEFZ)	FTP-75	JapanJC08
$RCS/\frac{\mathrm{m}^2}{\mathrm{s}^2}$	513	362	255	191
$E_{\min}/\mathrm{MJ}$	41	35	31	29
$E_{\min}/\mathrm{kWh}$	11,2	9,8	8,7	8,0
E/kWh	14,7	13	13,3	12,5

위 표의 마지막 줄의 $E/\mathbf{kWh}$는 기존 내연기관의 브레이크 에너지 회복이 없는 최소 에너지 소비다. 8.9kWh의 에너지 소비는 휘발유 1리터에 해당한다.

2. 하이브리드 자동차

하이브리드 자동차는 두 종류 이상의 서로 다른 방식의 에너지변환기(엔진 또는 동력 발생기)와 서로 다른 두 종류의 에너지 저장시스템을 갖고 있다. 즉 석유에너지저장 시스템(연료탱크 및 연료 공급장치)과 전기에너지 저장시스템 (2차전지 혹은 배터리) 시스템)이 공존한다.

하이브리드 자동차의 원래 목적은 대도시의 인구밀집지역 내에서의 소음과 배출가스 오염을 최소화하기 위함이었다. 또한 궁극적 목표는 무공해자동차(ZEV)로 가는 것이다. 하지만 아직까지는 배출가스와 소음이 없는 자동차를 기술적으로 완전하게 실현하기 어려운만큼 무공해자동차로 가기 위한 중간 연결모델(Bridge Modell)로서 하이브리드자동차의 의미는 크다.
동력전달 시스템과 구성에 따라 하이브리드자동차는 직렬형과 병렬형 그리고 이 둘의 형태와 작동방식을 혼합한 복합형 등으로 나뉜다. 또한 전기출력의 차이, 즉 전기모터 및 2차전지의 용량에 따라 마이크로하이브리드(Micro Hybrid), 마일드 하이브리드(Mild Hybrid), 풀하이브리드(Full Hybrid) 등으로 나뉜다.

동력 전달 시스템 및 구성에 따른 분류

직렬형 하이브리드

오래전부터 선박이나 기차 등에는 대형 디젤엔진과 전기모터를 같이 사용해왔다. 궤도위를 운행하는 기차에서 디젤엔진은 거의 대부분의 경우 직접 바퀴를 구동하지 않는다. 디젤엔진은 발전기를 돌려 전기를 생산하는데 사용되고 발전기에서 생산된 전기에너지로 전기모터를 작동시켜 기차바퀴를 움직였다.

이 방식을 승용차에 그대로 적용한 것이 직렬형 하이브리드다. 즉 직렬형 하이브리드는 내연기관을 발전용으로만 사용하고 자동차 바퀴는 항상 전기모터가 구동하는 시스템이다.

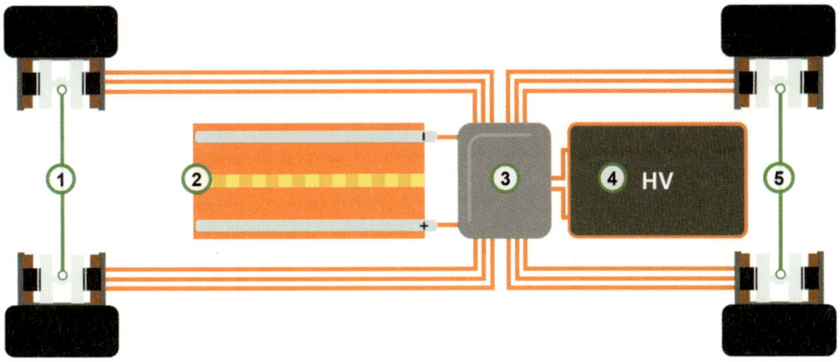

① 전기모터겸 발전기　② 내연기관
③ 발전기(제너레이터)　④ 고전압 에너지 저장장치(구동 배터리)
⑤ 전기모터 겸 발전기

[그림 1.9] 직렬형 하이브리드의 구조

전기모터의 장점은 짧은 시간 안에 높은 출력을 낼 수 있고 내연기관을 최적의 상태(stationary operation)에서 가동시킬 수 있어 배출가스와 소음을 최저화할 수 있다는 것이다. 따라서 기존 디젤엔진이나 휘발유엔진 같은 피스톤왕복 내연기관 외에도 가스터빈 같은 다양한 에너지변환기를 사용할 수 있는 이점이 있다.

내연기관이 직접 바퀴를 구동하지 않기 때문에 바퀴를 구동하는 축(Schaft)이 필요없게 되어 실내공간 확보에도 좋고 차량의 낮은 지상고를 유지하는데도 유리하다. 이는 시내버스나 스포츠자동차의 장점으로도 연결된다.

종종 전기자동차의 보조엔진을 발전용으로 장착해 전기자동차의 운행거리를 확장한 컨셉을 레인지 엑스텐더(Range Extender)라고 한다(예 1,5 Liter 가솔린 엔진(170kW)과 96~105kW의 출력을 내는 전기모터를 장착한 BMW i8 모델). 이 경우 전기자동차의 레인지 엑스텐더는 직렬형 하이브리드에 속한다. 또한 전자식 변속기가 장착된 다이렉트 하이브리드도 직렬형 하이브리드에 속한다.

전자식 변속기는 폴크스바겐이 개발한 전자기시스템을 응용한 변속기로 기존의 기계식 변속기에 비해 부피와 무게가 가볍고 효율이 높은 장점이 있다. 아직 개발이 완전하게 끝나지 않아 양산하지 않고 있지만 가까운 미래에 실현될 것으로 보인다.

병렬형 하이브리드

직렬형 하이브리드 자동차가 전기모터로만 바퀴를 구동하는데 비해 병렬형 하이브리드는 전기모터와 내연기관이 함께 바퀴를 구동하게 하는 시스템이다.

병렬형 하이브리드의 장점은 동시에 두 에너지변환기의 출력을 바퀴구동에 사용함으로써 각 에너지변환기의 출력을 낮춰 무게, 부피 그리고 그에 따른 비용까지 줄일 수 있다는 것이다. 또한 다운사이징 내연기관을 사용하거나 앳킨슨 사이클 엔진(Atkinson Cycle Engine) [참고] 같은 효율이 높은 엔진을 적용할 수 있어 연비와 배출가스를 낮추는 장점이 있다.

하지만 내연기관에 부가적으로 변속기장치를 장착하게 되면 무게와 비용이 증가하는 단점도 있기 때문에(예 Honda Civic Hybrid) 목적과 컨셉에 맞게 다양하게 적용할 필요가 있다.

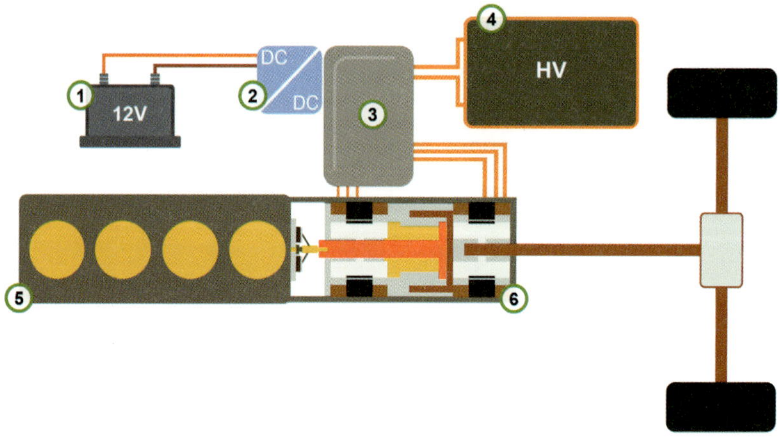

① 12[V] 보드 전기 에너지 저장 장치(배터리)
② 직류/직류 변환기
③ 인버터
④ 고전압 에너지 저장장치 (구동용 배터리)
⑤ 내연기관
⑥ 플라네터리 기어(앞쪽엔 발전용 제네레이터 뒷쪽은 구동용 모터가 장착)

[그림 1.10] 병렬형 하이브리드의 구조

복합형 하이브리드

복합형 하이브리드란 주변 상황에 따른 운행 방식과 운전자의 선택에 따라 직렬형 혹은 병렬형 하이브리드로 작동이 가능한 방식이다.

내연기관이나 전기모터 모두 직접 바퀴를 구동할 수 있어야 하기 때문에 각각의 에너지변환기에 변속기 모듈과 클러치 등이 장착되어야 한다. 변속기모듈의 예로는 내연기관에는 CVT같은 자동변속기, 전기모터에는 2모드 변속기나 전기변속기 등이 있다. 따라서 복합형 하이브리드는 복잡하고 비용이 비싼 단점이 있다.

대표적인 복합형 하이브리드는 토요타의 프리우스다. 특히 3세대 프리우스는 73[kW] 출력의 1.8리터 휘발유엔진에 27[kW]의 NiMH 배터리 등 총 100[kW](136마력)의 출력으로 NEFZ(Neuer Europäischer Fahrzyklus : New European Driving Cycle)에서 100[km] 주행에 3.9리터의 휘발유를 소비하는 것(89[g CO_2/km])으로 인정받았다.

특히 열효율이 높은 밀러사이클(Ralph Miller Cycle)엔진이나 엣킨슨 내연기관을 사용하고 전기에어컨 응축기를 사용한다.

전기모터는 이전 모델에 비해 약 36%의 무게절감과 37%의 부피를 낮췄고 전기모터의 전압도 기존 500[V]에서 650[V]로 높였다.

전기에너지 용량에 따른 분류

자동차의 전체 출력 중 전기에너지 부분이 차지하는 비율, 운행 그리고 작동상태에 따라 하이브리드 자동차 시스템은 아래 세 가지 형태로 나뉜다.

마이크로 하이브리드 자동차(Micro Hybrid)

마이크로하이브리드 자동차에는 스타트-스탑(Start-Stop) 자동 기능과 브레이크 에너지 회복장치가 장착되어 있다. 마이크로하이브리드는 기본적으로 전기모터로 바퀴를 구동하지 않는 시스템이다. 하지만 최근 자동차 보드전기에너지 공급시스템이 기존 12V에서 48V로 높아지면서 전기구동 출력도 높아져 자동차가 출발이나 가속시 보조동력(Booster Function)으로도 사용하기도 한다.

최초로 자동차에 스타트-스탑기능을 갖춘 스타터제너레이터(Starter-Generator)가 등장한 것은 1935년이다. 엔진을 구동하는 스타트모터와 발전기(Generator)가 하나로 결합된 Integrated Starter-Generator 시스템으로 독일 시바(Siba)회사의 다이나스타트(Dynastart)가 최초의 스타터제너레이터이다.

1959년에 보쉬(Bosch)가 시바를 인수해 다이나스타트를 양산하면서 DKW(Dampf-Kraft -Wagen)사의 자동차모델과 BMW 600모델, BMW700모델 및 BMW Isetta모델 등에 적용했다. 오늘날엔 독일 ZF사가 Dynastart 개발을 이어받아 일반 자동차 및 하이브리드자동차에 적용하고 있다.

1980대초에는 SNA(Schwung Nutz Automatik : momentum useful automatic)라는 스타트-스탑기능을 장착한 폴크스바겐모델이 선을 보였다.

SNA는 유압 및 기계식으로 작동되는 시스템으로 피스톤왕복엔진 내에 장착되어 있는 플라이휘일(Flywheel)의 운동에너지를 이용한 것이다. 90년대 폴크스바겐모델 루포와 골프3에 폴크스바겐에서 개발한 제어시스템인 Digimat와 함께 적용되었다.

이후 CAN-BUS와 같은 자동차 통신시스템과 Digimat를 개량시킨 ECU를 통한 전자제어기술 및 하이브리드자동차 모델들이 등장하면서 SNA는 다시 스타터제너레이터시스템으로 되살아났다. 2000년대에 들어서는 일반 내연기관자동차에 스타터제너레이터시스템이 장착되어 마이크로 하이브리드시스템으로 보편화되었다.

스타터제너레이터 시스템은 다음과 같이 크게 벨트구동형(B-ISG : Belt-Driven Integrated Starter-Generator)과 엔진크랭크샤프트 집적형(C-ISG : Crankshaft-Mounted Integrated Starter-Generator)의 두 종류로 나뉜다.

벨트구동형 스타터제너레이터

마이크로하이브리드자동차와 마일드하이브리드 자동차에 주로 적용되는 스타터제너레이터시스템으로 마이크로하이브리드 자동차에는 주로 12V에서 작동한다. 2016년부터는 마일드하이브리드자동차에 48V 스타터제너레이터가 적용되고 있는데 이 시스템은 출발이나 가속시 엔진출력을 보조해주는 부스터(Booster)로도 사용할 수 있다.

기존 제너레이터를 엔진크랭크샤프트와 벨트로 연결해 엔진스타터로 사용하기 때문에 비교적 구조가 간단하다. 단 회전모멘트의 전달력이 높은 6개 이상의 홈이 있는 특수 구동벨트를 사용해야 한다는 점이 있다.

벨트구동형 스타터제너레이터의 연료절감효과는 고속도로나 일반도로 주행시 약 13%이며 시내주행시엔 평균 20% 이상이다.

[그림 1.11] 벨트 구동형 스타터제너레이터

프랑스 발레오(Valeo)사의 i-StARS(Starter-Alternator)와 ReStart(Reinforced Starter), 독일 보쉬(Bosch)사의 스타트-스탑 시스템이 이에 속한다. 아래 그림은 독일 보쉬사의 스타트-스탑 시스템이다.

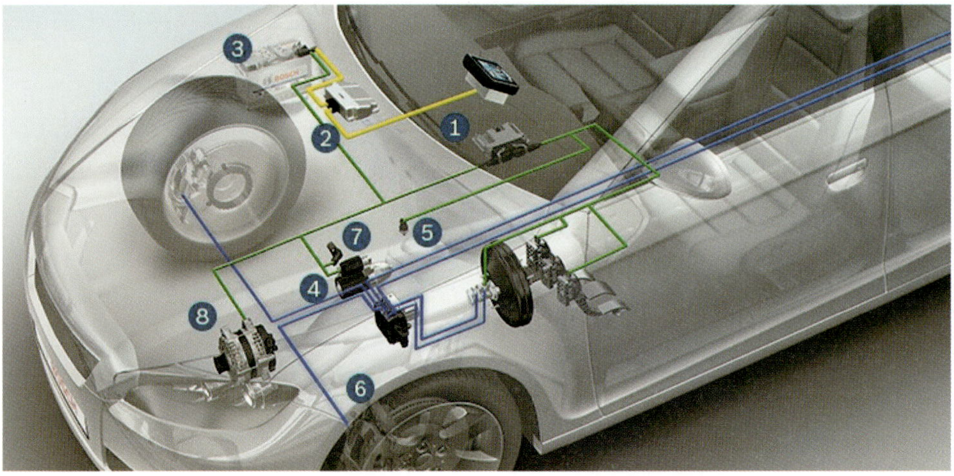

① 엔진 ECU(start/stop software)
② 12V DC/DC 컨버터
③ 배터리 센서와 Deep-cycle resistant(EFB, AGM)
④ 스타트/스탑 스타터
⑤ 중립위치 센서
⑥ 휠 속도 센서
⑦ 크랭크축 센서
⑧ 제동 에너지 회수가 가능한 발전기

[그림 1.12] 독일 보쉬사의 스타트-스탑 시스템

엔진크랭크샤프트 집적형 스타터제너레이터(C-ISG)

엔진 크랭크샤프트측에 집적시킨 스타터제너레이터로 소음이 적고 작동이 기존 스타터보다 신속하다는 장점이 있다. 하지만 엔진크랭크샤프트에 스타터제너레이터를 집적시켜야 하기 때문에 구조가 복잡하고 비싸다는 단점도 있다.

벨트구동형 스타터제너레이터보다 출력이 높아 주로 48V 보드전기에너지 기반의 마일드하이브리드자동차나 풀하이브리드 자동차에서 주로 사용된다. 이 엔진크랭크샤프트 집적형 스타터제너레이터는 2017년부터 48V 보드전기에너지 시스템을 갖춘 벤츠 S시리즈에 기본으로 장착되었다.

독일 콘티넨탈(Continental)사의 ISAD(Integrated Starter Alternator Damper)와 ZF사의 Dynastart가 대표적인 엔진크랭크샤프트 집적형 스타터제너레이터이다.

[그림 1.13] ZF사의 집적형 스타터제너레이터

어떠한 방식이든 스타트-스탑 기능과 브레이크 에너지 회복기능을 갖는 스타터제너레이터 시스템의 연료 절감효과와 이산화탄소 저감효과는 적어도 20% 이상 된다. 환경문제로 인한 이산화탄소 규제가 강화되는 추세와 맞물려 시내주행에서의 스타트-스탑기능은 하이브리드자동차에서는 물론이고 일반자동차에서도 매우 중요해졌다.

앞으로 하이브리드자동차는 물론이고 일반 자동차에서도 보드전기 에너지시스템의 전압이 기존 12V에서 48V로 상승하게 되면 위와 같은 스타터와 발전기가 함께 집적된 스타터제너레이터 시스템이 더욱 보편화될 전망이다.

마이크로하이브리드시스템은 시내주행 중 'Stop & Go'를 반복하는 구간에서 혹은 신호대기 등 자동차가 멈춰있는 동안에 자동으로 엔진이 작동하지 않게 함으로써 연료소비의 감소, 발전기(Generator) 출력손실의 최소화, 마모방지 및 내구성 그리고 이로 인한 수명연장의 장점이 있다. 현재 마이크로 하이브리드의 전기모터의 출력은 평균 2.7~4kW/t이다.

독일에서는 2010년대부터 거의 모든 차량에 스타트-스탑 기능이 탑재되었고 따라서 이때부터 생산된 대부분의 일반승용차모델들은 거의 마이크로하이브리드화 되었다.

㉥ 2007년이후 모델 BMW 1시리즈.

[그림 1.14] 스타트-스톱기능이 기본사양인 2019년형 BMW 1

마일드 하이브리드(Mild Hybrid)

전기모터의 출력이 약 6~20[kW/t]에 해당되는 하이브리드 시스템이 마일드 하이브리드이다. 전기모터는 내연기관의 구동시스템(Power Train)에 보조(Booster)역할을 한다.

자동차가 출발할 때나 최대출력(full)으로 가속할 때에 전기모터는 내연기관의 구동력에 출력과 토크를 더해줌으로서 내연기관의 연비를 높이고 자동차의 가속 탄력성을 높여준다. 전기모터만으로의 구동력은 없다는 점이 풀 하이브리드(full Hybrid) 시스템 자동차와 비교된다.

어떠한 컨셉이냐에 따라 즉 제작사의 모델 컨셉에 따라 병렬형 하이브리드가 종종 마일드 하이브리드시스템에 해당하기도 한다.

마일드 하이브리드는 최대 25kW 출력의 전기모터로 추월시 추가 전력, 즉 "부스트(Boost)" 효과를 제공하며, 브레이크에너지 회수로 유럽 연비테스트모드주행(NEFC: New European Driving Cycle)에서 최대 15%의 연료 절약을 실현했다.

이러한 부스트효과와 에너지회복시스템은 전기모터의 출력이 75kW 이상 되어 정지상태에서 400Nm의 회전모멘트를 지원하는 스트롱(Strtong)하이브리드와 풀(Full)하이브리드에 적용된다. 이 경우 연료절감은 NEFC주행 테스트에서 20% 이상이다.

최근 독일 자동차 제작사들과 일본 자동차회사들 그리고 국내 업체들도 보드(Board) 전기에너지공급에 48[V] 배터리(에너지저장 장치)를 사용해 효율을 극대화한 마일드하이브리드 모델들을 출시하고 있거나 준비 중이다. 48[V]로 자동차 보드 전기에너지 저장장치가 실현되면 마일드 하이브리드 자동차도 기본사양으로 보편화 될 가능성이 높다.

또한 48[V]는 유럽연합이 정한 고전압(high voltage)에 속하지 않게 되어 고전압 자동차의 안전 규정에서도 자유로울 수 있는 장점이 있다.

하이브리드(Full Hybrid)

전기모터만으로 일정한 운행거리를 유지할 수 있는 하이브리드시스템을 풀 하이브리드시스템이라고 한다. 즉, 전기모터만으로 일정거리를 출발과 가속이 가능할 정도로 전기에너지저장장치(고전압 배터리)가 충분히 마련되어야 하거나 전기에너지가 공급되어야 한다. 물론 전기모터는 최고 출력이 필요할 경우엔 마일드 하이브리드처럼 보조역할도 할 수 있어야 한다.

기본적으로 직렬형 하이브리드가 이에 해당하고 운행 거리와 컨셉에 따라 병렬형과 복합형 하이브리드자동차도 이에 속한다.

전기모터만으로 약 60km의 주행이 가능한 BMW Active Hybrid X6 모델과 전기모터로 약 70km의 거리를 운행할 수 있는 토요타 프리우스 하이브리드 시너지 드라이브 모델이 이에 속한다.

플러그 인 하이브리드(PEHV : Plug in Electric-Hybrid-Vehicle)

기본적으로 플러그인 하이브리드는 풀하이브리드 시스템에 속한다. 따라서 대용량의 전기에너지 저장장치(고전압 배터리)가 필요하고 외부로부터 전기에너지를 충전할 수 있는 시스템이 갖춰진 점이 다르다.

2011년 유럽 연합의 ECE-Norm R101 규정에 따른 플러그인 하이브리드 에너지소비량 계산식은 다음과 같다.

$$C = \frac{D1\,C1 + D2\,C2}{D1 + D2}$$

C : 전체 에너지 소비 1/100km
$C1$: 완전(full) 충전된 배터리 연료소비
$C2$: 배터리가 완전 방전됐을 때의 연료소비
$D1$: 순수한 전기모터 주행거리
$D2$: 25km(배터리 충전과 다음 충전사이의 평균 주행거리)

하지만 플러그인 하이브리드 에너지소비량 계산의 문제점은 전기 모드에서 플러그인 차량이 기존의 화석연료를 소비하지 않고 일반 전기에너지를 소비한다는데 있다. 즉 전기에너지의 공급과 전력망시스템 등에서 배출되는 이산화탄소 양과 소비되는 에너지와 별도의 전기 충전비용 등은 이 공식에 제대로 적용되지 못했다. 따라서 ECE-Norm R101 규정에 따른 플러그인 하이브리드 에너지소비 계산이 정확하지 않을 수 있다는 한계가 있다.

더구나 2019년 현재 플러그인 하이브리드자동차의 전기주행 평균거리 D2가 2011년 당시보다 2배 이상 늘어난 현실적 상황이 에너지소비량계산에 적절히 반영되지 못한 것 또한 정확성 문제가 될 수 있다.

현재 판매되고 있는 플러그인 하이브리드의 전기에너지 저장장치(대용량 고전압배터리)로 가능한 전기모터의 운행거리는 평균 50km 내외이며 운행속도는 시속 약 120km 정도이다.

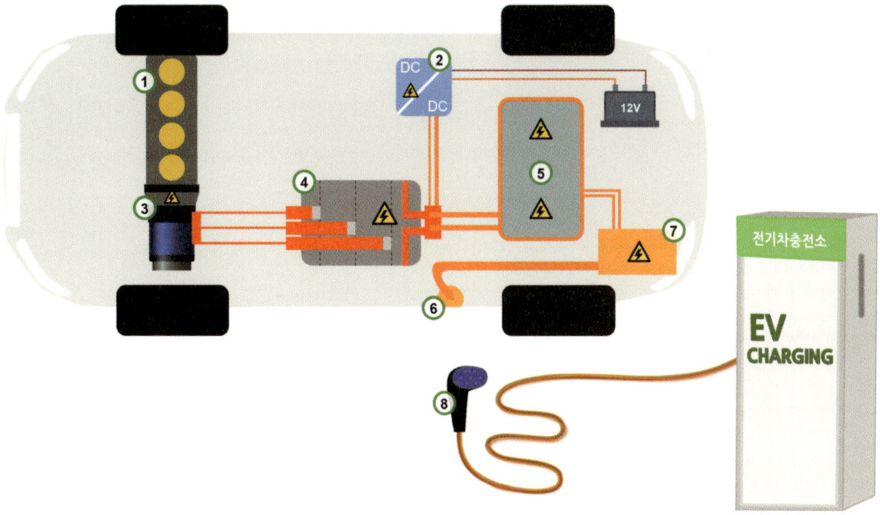

① 내연기관 ② 직류/직류 변환기
③ 전기모터 ④ 인버터
⑤ 고전압 에너지 저장장치(구동용 배터리) ⑥ 충전기 연결
⑦ 차량 내부 충전기 ⑧ 충전 케이블

[그림 1.15] 플러그인 하이브리드의 구조

[그림 1.16] Benz사의 중형급 승용차 EQ Power 플러그인 하이브리드모델

벤츠사가 개발한 EQ Power모델은 연결(Connected), 자율(Autonomous)주행, 공유(Shared)와 전기(Electric) 등 4가지 핵심단어로 구체화 되는 EQ 컨셉에 따른 플러그인하이

브리드 모델이다. 벤츠사는 현재 6종류의 EQ모델을 생산하고 있다. 이 모델들은 모두 48V 보드전기에너지를 기반으로 하는 EQ Boost 모델들과 벤츠 튜닝 및 인디비주얼 자회사 AMG의 퍼포먼스 테크닉기반의 Q Power+모델 그리고 컴팩트 전기자동차인 소형 EGC모델 등이 있다. 벤츠사는 조만간 전 차종 모델에 이와 같은 구동시스템의 전력화를 실시할 예정이다.

참고 **앳킨슨(Atkinson-Cycle)사이클엔진과 밀러 사이클(Miller-Cycle)**

전기모터가 바퀴를 구동하는 풀 하이브리드 시스템에는 종종 앳킨슨엔진이나 밀러엔진이 내연기관으로 사용되는데, 앳킨슨 엔진은 밸브의 개폐시기를 엔진효율에 맞춰 최적화 한 엔진이다. 앳킨슨 사이클은 1882년 제임스 엣킨슨(James Atkinson)이 발명했다. 주로 가솔린 엔진에 적용되고 있지만 최근엔 디젤엔진에도 큰 장애없이 적용되고 있다. 엣킨슨 사이클의 장점은 흡기밸브를 피스톤 하사점을 지나 늦게 닫음으로써 각 실린더의 행정에서 발생하는 가스교환 손실을 최소화하고 효율적인 열에너지변환으로 유해 배기가스 배출을 최소화할 수 있다는 것이다. 또한 배기밸브를 늦게 열리게 함으로써 연소압력을 실린더에 오래 작용하도록 하는 장점도 있다. 반면에 낮은 엔진회전수 범위에서는 엔진토크가 낮다는 단점도 있다. 참고로 앳킨슨엔진은 1947년에 랄프 밀러(Ralph Miller)가 특허를 낸 밀러 사이클의 엔진과 작동방식이 매우 비슷하지만 밀러 사이클엔진은 실린더에서 피스톤이 하사점에 닿기 훨씬 전에 흡기밸브를 미리 닫는다는 차이가 있다. 초창기의 앳킨슨 사이클은 커넥팅 로드에 링크를 연결한 복잡한 구조였다. 하지만 최근에 밀러 사이클이나 앳킨슨 사이클은 커넥팅로드에 링크 연결이 없는 일반 엔진구조에 가변 밸브 타이밍 시스템으로 실현하고 있다.

3. 연료전지 리포머 시스템 (Free cell Reformer System)

연료전지 자동차

연료전지란 수소나 산소 같은 물질들을 서로 융합하거나 화학적 변화를 통해 얻어지는 전기에너지를 지속적으로 공급해줄 수 있는 에너지교환기이다.

자동차에는 주로 양자교환막 연료전지(PEMFC : Proton Exchange Membrane Fuel Cell)를 사용하는데 이 양자교환막 방식의 연료전지는 크기가 작아도 효율이 크게 떨어지지 않으며 작동온도는 약 80°C 정도이다.

PEM방식의 연료전지에는 아주 얇은 폴리머 박막의 양쪽을 백금(Platin)이나 팔라듐으로 코팅한 막(membrane)이 있다. 연료전지의 값이 비싼 이유가 바로 이러한 백금이나 팔라듐 같은 귀금속 코팅 막 때문이다. 이 막을 사이에 두고 음극엔 수소를, 양극엔 산소를 보내면 음극의 수소가 촉매막을 통과하면서 이온화돼 양전자를 방출한다. 이때 양극에는 전자가 부족하게 돼 전압이 발생하면서 전류가 흐르게 된다.

최근에는 연료전지 스텍당 대략 100그램 정도 사용되던 백금을 스텍당 20그램 정도로 크게 줄여 연료전지의 생산 단가를 낮추었고 가변전압공급 방식을 사용해 효율도 높임으로써 대량생산을 목전에 두고 있다.

또한 백금을 일반금속으로 대체하는 연구를 진행하고 있는데 실용화까지는 대략 10년쯤으로 걸릴 것으로 예상된다.

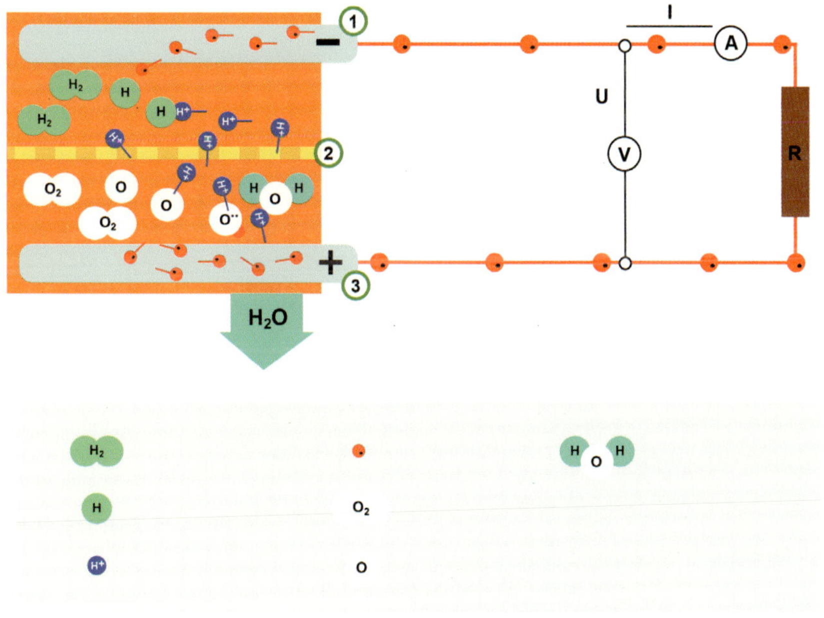

① 음극(마이너스) ② 금속코팅의 폴리머 박막
③ 양극(플러스)

[그림 1.17] 연료전지의 기본 작동 원리

그림처럼 하나의 연료전지 셀에서 얻는 전압은 0.5볼트에서 1.3볼트 정도로 낮지만 이를 직렬로 연결해 패키지형태로 제작하면 200볼트 이상의 전기에너지 생산이 가능하다. 이렇게 얻은 전기에너지를 배터리에 저장했다가 전기모터를 이용해 자동차의 바퀴를 구동하는데 사용하면 연료전지-배터리-전기모터의 직렬형 하이브리드 자동차가 된다.

다른 연료전지와 마찬가지로 PEM 방식의 연료전지도 수소와 산소를 연료를 사용한다. 수소와 산소를 화학반응시켜 물이 되는 과정에서 전기에너지를 얻는 원리를 이용한다. 연료전지에서 화학반응으로 전기에너지를 얻는 과정은 순수한 물과 반응열만을 배출하고 물을 다시 전기분해해 수소와 산소를 얻을 수 있으니 이론상 100% 친환경 자동차에 해당한다.

하지만 산소는 공기 중에서 비교적 쉽게 얻을 수 있으나 수소는 높은 압력의 가스상태나 아주 낮은 액체형태로 사용되어야 하기 때문에 저장과 운반에 따른 비용이 높고 안전에 문제가 있어 실용적인 면에서 어려움이 있다.

물론 메탈분자 사이에 수소를 저장했다가 열을 가하면 수소분자가 튀어나오는 원리를 이용한 메탈 하이드리드(Metal Hydrid)도 있지만 안전성이 보장되는 대신 출력밀도가 낮고 무게가 너무 무거워 아직은 자동차에 적용해 실용화하려면 많은 연구개발과 시간이 필요하다.

가스상태의 수소를 압축해 액화수소로 변환해 저장하기 위해서는 약 300바(bar) 정도의 고압탱크를 사용해야 한다. 독일 아담 오펠(Adam Opel)자동차에서 제작한 연료전지자동차 하이드로겐-1은 이러한 액화수소를 저장하기 위해 섭씨 마이너스 253℃를 유지할 수 있는 절연 탱크인 크리요탱크(Kryo-Tank)를 사용했다.

그러나 액화수소는 엄청난 압력을 견뎌야 하는 고압탱크와 기화성에 따른 손실로 운영 및 수송경비가 많이 들어갈 뿐만 아니라 충전을 위한 사회적 인프라 시스템 또한 부족해 이를 위한 사회적 기반 구축에 필요한 비용 부담이 크다는 단점이 있다.

그래서 대안으로 나온 게 기존의 석유나 천연가스, 메탄, 알코올 등을 자동차 내에서(on board) 직접 변환(reform)해 수소를 뽑아 쓴다는 개념의 리포머(reformer) 연료전지자동차이다.

특히 메탄올을 직접 연료전지의 양극에 연결해 프로톤을 생성시키는 DMFC(Direct Methanol Fuel Cell)는 메탄올을 변환해주는 별도의 변환기가 필요하지 않는다는 장점이 있다.

메탄올변환기는 변환기에서 메탄올을 물과 반응시켜 수소를 얻게 되는데 그 과정에서 부가적으로 생성되는 일산화탄소를 산화정화장치를 통해 이산화탄소로 바꿔 대기로 배출하는 방식이다. 하지만 에너지는 변환할수록 손실이 발생한다는 열역학 법칙의 한계에 부딪히기 때문에 이 문제를 어떻게 극복해서 실용화하느냐 하는 기술적인 어려움이 남게 된다.

수소는 제한적 시스템 내에서 혹은 한정된 공간에서는 친환경적이며 이상적인 에너지순환구조를 갖지만 전체 에너지사슬관계와 거시경제적 관점에서 보면 당장 실용화하기엔 해결해야 할 어려움들이 많고 비용문제 또한 크다. 그럼에도 불구하고 경제성이 크게 문제가 되지 않는 국방분야나 한정된 특수산업분야에서는 연료전지자동차가 활발하게 사용되면서 연구와 개발이 진행되고 있다.

예를 들면, 메탄올 10kg으로 소음과 진동 없이 약 100km 정도 달릴 수 있는 전기를 생산한다는 점에서 메탄올 연료전지는 군용배터리나 군용차량 등에서 매우 유용하게 사용되고 있다. 이에 각 자동차회사들은 그 나름의 컨셉에 따라 수소를 얻는 방법을 개발하고 있는 중이다. 벤츠와 폴크스바겐, 토요타, 다이하쓰 등은 일반 연료전지와 함께 메탄올에서 수소를 뽑아 쓰는 전략을, 포드와 현대는 고압 압축수소탱크를, 크라이슬러는 휘발유를 변환해 수소를 얻는 방법 등을 연구하고 있다.

수년전부터 독일 벤츠사에서는 아마존 강의 전기뱀장어를 모방한 연료전지자동차 모델 BIOME를 개발해 실용화를 눈앞에 두고 있다. 식물의 목즙이나 과일의 육즙 혹은 생활음식물쓰레기로부터 전기를 발생하는 '초록의 연료전지'가 실용화된다면 연료전지자동차는 조만간 자동차시장에서 전혀 새로운 전기를 마련하게 될 것이다.

[그림 1.18] 메르체데스의 차세대 연료전지로 개발중인 바이오메(Biome) 컨셉트 카

고전압 자동차 시스템 모듈

전기모터

전기자동차, 하이브리드자동차, 연료전지 등 모든 고전압 자동차는 전기모터가 바퀴를 구동한다. 따라서 고전압자동차에서 전기모터는 전기에너지를 운동에너지로 변환해주는 가장 중요한 구동장치가 된다. 전기모터는 낮은 회전수에서 높은 회전모멘트를 낼 수 있는 가장 이상적인 에너지변환장치이자 동력발생기다.

전기모터는 피스톤 왕복 내연기관과는 달리 회전수에 따라 다른 회전모멘트 특성을 갖는다. 모터회전수가 제로상태부터 최고의 회전모멘트(토크 Torque)를 낼 수 있으며 높은 회전수에서도 회전모멘트가 크게 떨어지지 않아 이론상 회전모멘트 변환장치(변속장치)가 필요없게 된다.

또한 전기모터는 자동차 구동기관으로서 소음이 거의 없으며 높은 효율과 짧은 가속시간 그리고 공해오염물질인 배기가스를 직접 배출하지 않는다는 점 등 기존 피스톤왕복 내연기관에 비해 월등히 많은 장점들을 갖고 있다.

전기모터는 운동에너지를 전기에너지로 바꿔주는 역할, 즉 발전기 역할도 한다. 이는 자동차의 감속에너지를 전기에너지로 회복시키는데 유용하다. 이를 브레이크에너지 혹은 제동에너지 회복(Braking Energy Recuperation)이라고 한다.

자동차 컨셉에 따라 사용되는 전기모터는 직류모터와 교류모터로 나뉜다. 과거에는 전기모터 회전수 조절이 간편하고 비용이 저렴한 직류전기모터를 자동차구동으로 사용했지만 정기적으로 브러시를 교체해줘야 하고 출력과 성능에 한계가 있어 최근에는 직류모터 대신 거의 교류모터만을 사용하는 추세이다.

교류모터는 다시 단상 유도전동기와 3상 유도전동기로 나뉘는데 자동차에서는 가볍고 효율과 출력이 좋은 3상 유도 전동기가 주로 사용된다. 3상 교류모터의 회전모멘트는 운전자가 원하는 바에 따라 교류-직류(AC-DC Inverter) 변환기를 통해 전류의 세기로 조절할 수 있으며 전기모터의 회전수는 교류전압의 주파수(frequency)로 조절할 수 있다.

교류모터는 일반적으로 자석과 코일이 어떠한 위치에서 상호 작용하는냐에 따라 단상모터 혹은 3상모터로 나뉜다.

다음 그림은 단상모터일 경우 파생되는 전압의 파형이다.

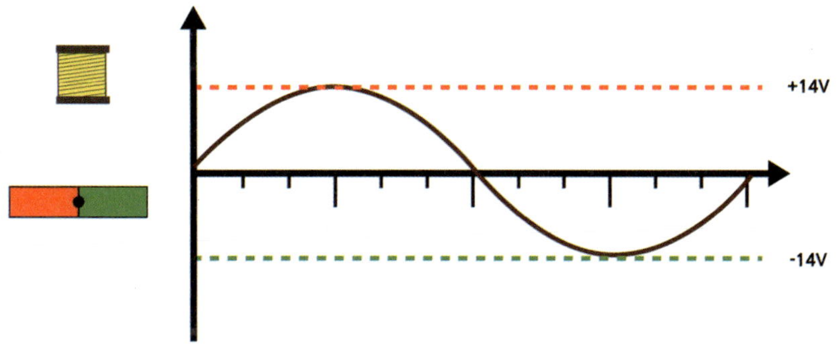

[그림 1.19] 단상모터의 파형

자석과 코일이 일정한 거리와 평행한 상태에서 회전할 경우 사인(Sin)곡선형태의 전압이 발생한다. 이러한 형태의 모터를 단상교류모터라고 한다. 단상 사인형태의 전압파형 아랫부분을 잘라내 평평하게 하려면 전압 회로에 그림과 같이 다이오드를 연결시키면 된다.

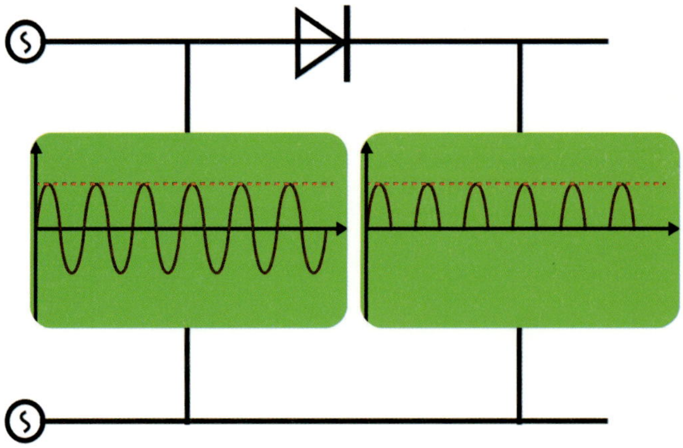

[그림 1.20] 다이오드를 통한 전압 곡선 변조

코일을 0도와 120도와 240도 위치에 3개를 장착하면 아래 그림과 같이 3상 교류모터가 된다.

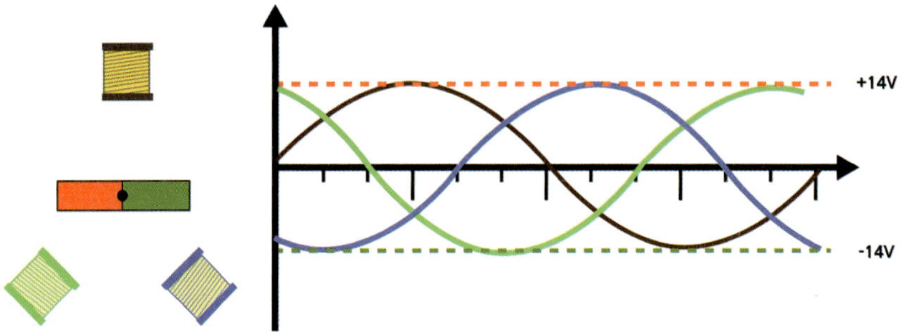

[그림 1.21] 3상 교류모터의 전압

중앙의 자석을 회전시키면 3상 코일에서 전압이 발생한다. 이때 발생하는 각 전압을 다이오드로 연결해 변조하면 다음 그림과 같이 같은 방향으로 일정하게 변조된 전압 파형을 얻을 수 있다.

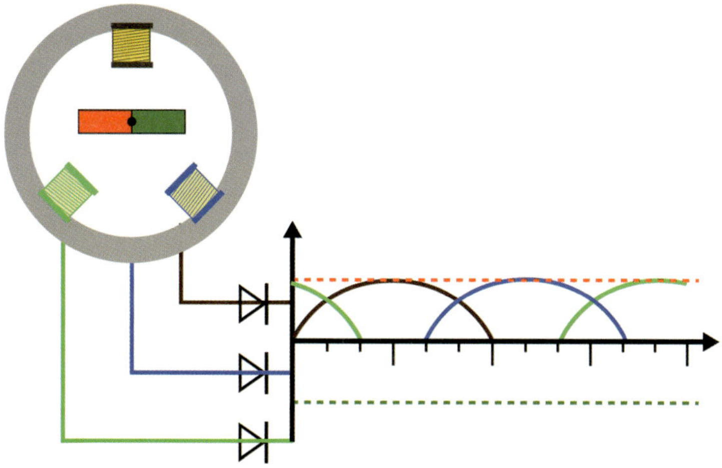

[그림 1.22] 3상 코일에서 다이오드 전압변조

다이오드를 통해 파형의 아랫부분을 잘라내 변조해서 얻은 전압의 윗부분을 연결하면 아래와 같은 일정한 파형을 얻는다.

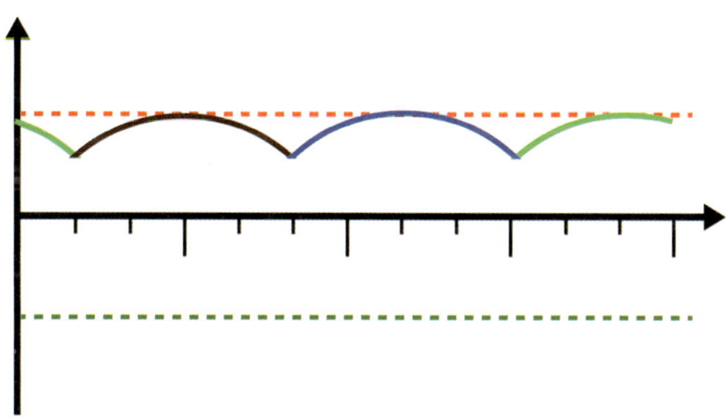

[그림 1.23] 발전기에서 파생되는 전압 파형

이러한 원리로 인해 발생하는 전압의 파형이 바로 운동에너지로부터 전기를 발생시키는 발전기의 기본 원리다. 이를 거꾸로 이용한 것이 전기모터이다. 즉 3상 코일에 전기에너지를 공급해 자석을 회전시키는 것이다.

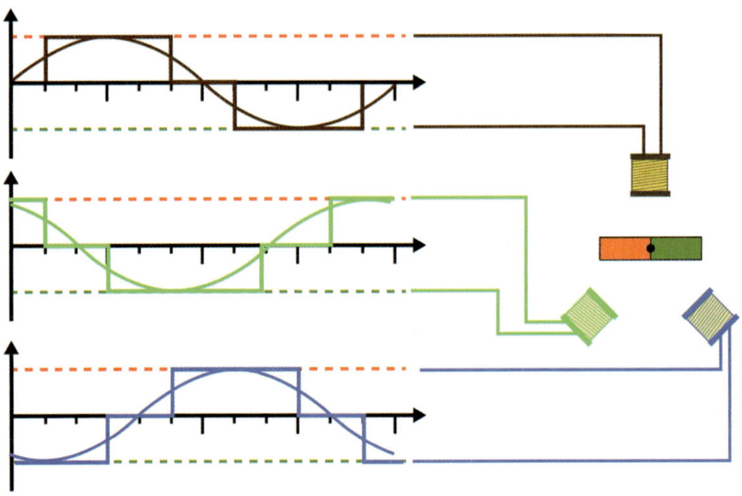

[그림 1.24] 3상 교류모터의 원리

위 그림은 각 코일에 공급되는 아날로그 사인 전압을 직각파로도 나타낼 수 있음을 보여주고 있다. 직각파의 주파수로 모터의 회전수를 간편하게 조절할 수 있다.

3상 교류모터는 고정자의 회전자계(Rotating Magnetic Field) 속도와 회전자(Rotor)속도가 같은 동기식 모터(Synchronous Motor)와 회전자계속도와 로터회전수가 다른 비동기모터(Asynchronous Motor)로 구별된다.

비동기식모터는 일반적으로 가장 널리 사용되는 전기모터로 크게 슬립링로터(Slip-Ring Rotor)형과 농형로터(Squirrel-Cage Rotor)형이 있다. 구조가 간단하며 강력한 파워를 낼 수 있고 내구성이 좋다는 장점이 있어 주로 대형 직렬형 하이브리드 버스나 화물차의 자동차 구동에 적용하고 있다.

현재 전기자동차나 하이브리드 승용자동차에 가장 적합한 방식은 상황에 따라 모터와 발전기를 겸용으로 사용할 수 있는 3상 동기식 전기모터이다.

동기식모터는 영구자석을 사용하거나 회전자코일을 사용하기 때문에 값이 좀 비싸긴 하지만 자동차 바퀴를 구동하는 전기모터와 함께 브레이크 에너지회복을 위한 발전기로도 사용할 수 있는 장점이 있다. 또한 동기식은 비동기식 모터에 비해 부피와 폭이 작고 특히 저회전에서 효율이 뛰어나며 출력밀도가 높다는 장점도 있다.

[그림 1.25] 하이브리드자동차의 전기모터

에너지 저장장치(Battery)

자동차에 전기에너지를 휴대할 수 있는(portable) 유일한 전기에너지 저장장치는 축전지 혹은 전지다. 흔히 배터리라고 불리는 전지는 하이브리드나 전기자동차에서 운행거리 및 주행성능을 결정하는 가장 중요한 요소들 중 하나이다. 전지는 1차전지와 2차전지로 나뉜다.

1차전지는 한번 에너지를 사용하면 다시 충전할 수 없는 전지를 말하고 2차전지는 충전해서 재사용할 수 있는 전지를 말한다. 자동차 구동용 배터리는 주로 2차전지를 사용한다. 하이브리드나 전기자동차에서 구동용으로 사용하는 고전압 배터리는 자동차 운행거리와 성능을 결정하는 가장 중요한 요소가 된다.

자동차용 배터리의 기준은 다음과 같다.

- 수명(충전과 방전 싸이클)
- 충전 및 방전 능력
- 충전시간
- 배터리 작동 온도

- 충돌 및 교통사고 안전성
- 가격

전기에너지 저장 장치인 배터리는 고전압 자동차 구성부품들 중에서 가장 값 비싼 품목 중 하나이다. 따라서 성능은 물론이고 수명이 일정기간 보장되어야 한다. 현시점에서 배터리의 기대수명은 최소 운행거리가 24만 킬로미터는 되어야 하고 최소 10년은 되어야 한다.

리튬이온 배터리의 경우, 고전압 자동차에 적용된 지 얼마되지 않아 아직 충분한 데이터가 나오지는 않았으나 지속적으로 발전하는 리튬이온 폴리머 기술들을 고려해보면 위 조건들을 충분히 충족시킬 것으로 기대된다. 토요타 프리우스가 장착한 니켈메탈하이드리드 배터리는 평균 15년의 수명을 무리없이 달성했다는 점도 좋은 참고사항이다.

현재 일반적으로 잘 알려진 자동차 구동용 고전압 배터리는 다음과 같다.

- 니켈 카드뮴 배터리(Nickel Cadmium)
- 니켈 메탈 하이드리드(Nickel Metall Hydrid)
- 나트륨 니켈클로리드(Natrium/Nickelchlorid)
- 리튬이온(Lithium/Ionnen)
- 리튬 폴리머(Lithium/ Polymer)

자동차 구동용 전지로써의 조건에는 위에 기술한 안전성 및 안정성, 가격, 수명 그리고 출력밀도와 충전시간, 작동온도 등이 가장 중요한 지표가 된다.

이중 니켈 카드뮴 배터리는 중금속인 카드뮴 오염과 관련이 있어 현재는 거의 사용하지 않는 추세다. 현재 이에 가장 최적으로 부합하는 에너지 저장장치는 리튬이온(Li-Ionen)전지와 니켈 메탈하이드리드(NiMh) 그리고 리튬 폴리머 전지이다.

니켈 메탈 하이드리드(Hydrid) 배터리

이 배터리 시스템은 충전 사이클이 2000회 이상 되고 수명도 10년 정도로 충분해 초창기 하이브리드자동차의 에너지저장장치로 각광받았다.

배터리에 있어 하이드리드(Hydrid)는 수소와 다른 원소가 결합해 이루는 2원소 수소화합물로 두 개의 서로 다른 시스템이 융합 혹은 교합하는 하이브리드(Hybrid)와는 다른 뜻이다.

메탈하이드리드는 배터리는 수소분자가 다른 요소들과 결합하는 것을 말한다. 여기서는 수소분자가 메탈분자와 결합해 전자적 특성을 갖는 원리를 이용한 전기에너지 저장 시스템이다. 자연 방전율이 높고 낮은 온도에서 출력저하가 심한 단점이 있다.

특히 배터리가 작동되면서 셀의 온도가 섭씨 50도 이상 오르게 되면 충전능력을 상실하게 되며 셀의 온도가 섭씨 영하 10도 정도로 떨어지면 배터리출력이 심하게 저하된다. 배터리 제어장치인 ECU(Electronic Control Unit)를 통해 저온 방전과 과충전을 어느 정도 제어할 수 있지만 자연방전율은 크게 낮아지지는 않는다.

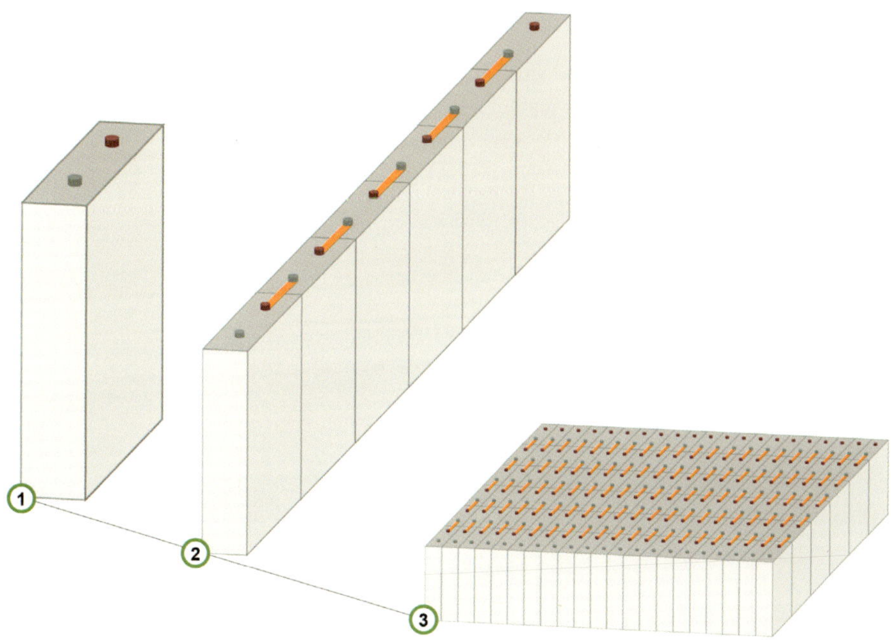

① 1.2[V] 니켈메탈하이드리드 셀
② 6개의 니켈메탈하이드리드 셀 모듈
③ 32개 모듈의 니켈메탈 하이드리드 배터리 팩

[그림 1.26] 니켈메탈 하이드리드 배터리팩의 구조

니켈 메탈하이드리드 배터리의 각 셀전압은 1.2V이다. 6개의 셀을 직렬 연결하면 하나의 모듈이 되고 모듈당 전압은 7.2볼트가 된다. 예를 들면, 42개 모듈을 직렬로 연결하면 약 302.4볼트의 배터리 팩이 되고 모듈 60개를 연결하면 432볼트의 배터리 팩이 된다.

자연방전율을 무시할 수 없기 때문에 이 배터리를 장착한 차량은 정기적으로 충전시켜서 배터리가 방전되는 것을 방지해줘야 한다.

리튬이온 전지

현재 최신 하이브리드나 전기자동차에 가장 널리 사용되는 배터리 팩은 리튬이온 배터리다. 이는 에너지밀도와 출력밀도가 가장 높기 때문인데 배터리 기본 셀의 정격전압이 3.6볼트로 니켈메탈하이드리드 배터리의 셀전압 1.2V보다 3배나 우수하다. 배터리의 기억효과(Memory Effect)도 없고 자가방전율도 아주 낮은 장점이 있다.

기억효과란 양극 전극으로 니켈(Ni)을 사용하는 이차 전지를 충분히 방전하지 않은 상태에서 충전하면, 최대 용량에서 남아 있는 용량을 뺀 소모된 용량만 충전 가능한 용량으로 인식하는 현상이다. 실제로 전지의 용량이 줄어드는 것이 아니라 방전 전압이 떨어져서 용량이 줄어든 것으로 보이는 상태를 말한다.

따라서 니켈을 사용하는 전지는 100%로 충전 후 완전히 방전하는 것을 반복하면서 사용하는 것이 가장 효율적이다. 니켈카드뮴 전지(NiCd)는 반드시 배터리관리기능이 내장된 전용 충전기를 사용해 충전해야 한다.

하지만 리튬이온 전지나 리튬폴리머 전지에서는 이러한 기억효과가 거의 나타나지 않는다. 대신 전지가 다중 셀로 구성되어 있는 자동차 구동용 리튬이온 전지는 항상 일정수준의 방전상태를 유지해야 하기 때문에 가능한 한 각 셀이 모두 동일한 전류와 전압 값을 갖도록 해야 한다. 따라서 배터리 셀의 전압과 전류를 일정한 수준으로 소위 밸런스를 맞춰주는 관리 시스템(Battery Management System)이 필요하다.

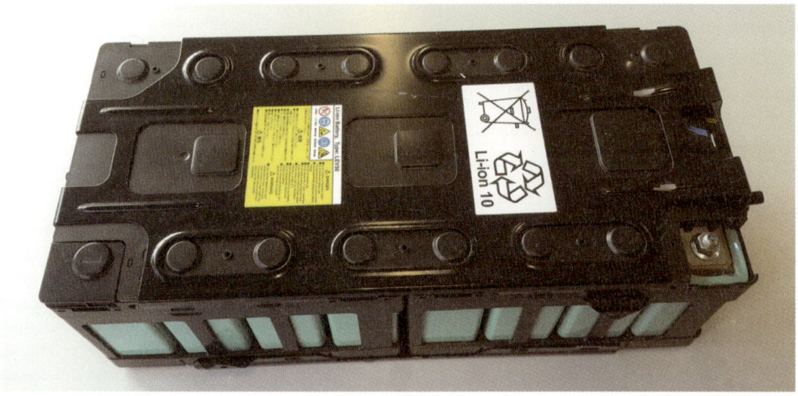

[그림 1.27] 리튬이온 전지

리튬 폴리머(Polymer, 중합체) 전지

리튬이온 전지가 전해액을 사용한다면 리튬 폴리머 전지는 중합체(고분자구조의 물질로 보통 상온에서는 고체 상태)인 폴리머를 전해질로 사용한 것이다. 전지의 음극과 양극의 활성 물질에 전도성 고분자 물질을 사용한 모든 전지들을 통칭한다.

리튬 이온 전지의 경우 전해액 때문에 누액 가능성과 폭발 위험성이라는 단점이 있다. 전해액대신 고분자(중합체) 상태인 폴리머를 사용해 이온의 전도성과 안정성을 높였다.

이러한 폴리머는 형상 및 형태의 유연성이 좋아 설계의 다양함을 높여주는 특성이 있다. 리튬 폴리머 전지의 장점은 종이처럼 얇고 가볍게 제작할 수 있다는 가장 큰 장점 때문에 휴대용 노트북이나 스마트폰 같은 기기에 많이 사용된다. 최근에는 각 자동차회사들의 컨셉에 따라 리튬이온전지나 리튬 폴리머 전지 등이 선택되고 있다.

배터리 관리 시스템(Battery Management System)

배터리가 항상 최적 상태로 전기에너지를 저장하고 출력유지를 할 수 있도록 배터리의 전압과 전류 그리고 작동온도 등을 제어하고 관리하는 시스템이다. 배터리의 각 셀마다 전압과 전류 그리고 온도 등을 측정하는 센서들을 장착하고 각 센서값으로부터 다음과 같은 배터리의 상태를 항상 감시하면서 추적해 관리한다.

- 충전상태(SoC : State of Charge) : 충전상태를 알려주며 얼마나 오랫동안 전기에너지를 사용할 수 있는지 저장된 전기에너지의 양을 나타낸다.

- 기능상태(SoF : State of Function) : 배터리의 출력능력 즉 파워를 나타낸다. 출력단위는 보통 kW로 표시한다.

- 수명상태(SoH : State of Health) : 배터리의 건강상태 즉, 배터리의 수명을 표시한다.

고전압의 리튬이온 배터리는 20% 미만으로 방전되거나 90% 이상 충전되지 않도록 해야 한다. 만약 이 범위를 넘어서 방전시키거나 충전시키게 되면 배터리의 수명에 심각한 손상이 가는 특성이 있기 때문이다. 최근 나온 신형 하이브리드나 전기자동차에는 배터리 매니지먼트 시스템이 장착되어 있어 가장 스마트하게 최적으로 작동된다.

배터리팩의 각 셀 전압이나 셀 전류가 일정한 수준이 되도록 밸런스를 맞춰주는 장치와 충전상태 및 배터리 작동시 발생하는 온도를 조절해주는 일은 배터리 제어관리 시스템에서 매우 중요하다.

리튬이온 배터리의 높은 전류로 인한 순간적인 단락은 화재나 폭발의 위험성이 크기 때문에 과열이나 배터리패키지의 기계적인 손상에 항상 주의해야 한다.

고전압 배터리의 냉각시스템

리튬이온이나 니켈메탈 하이드리드 같은 고전압 배터리는 일정한 온도 범위 안에서 작동되어야 한다. 일정한 온도 범위를 넘어서면 배터리 수명과 더불어 출력에 막대한 손실이 발생하게 된다.

리튬이온 배터리의 셀 온도가 장시간 섭씨 40도를 넘어서게 되면 배터리 수명이 급격하게 줄어든다. 마찬가지로 온도가 0℃ 이하로 떨어져도 충전효과 및 라이프싸이클이 급격히 감소하게 된다. 따라서 전기자동차나 하이브리드 자동차는 배터리 냉각시스템과 더불어 히터시스템도 아주 중요하기 때문에 함께 장착해 가동해야 한다. 고전압 배터리의 특성상 컨셉과 지역적 특성을 고려하여 전기차나 하이브리드 같은 고전압 자동차는 영하 7℃나 10℃부터는 충분한 예열과정 없이는 가동시키지 않기도 한다.

또한 리튬이온 배터리나 니켈메탈 하이드리드 배터리는 방전 혹은 충전과정에서 짧은 순간에 발생하는 높은 전류로 인한 자기 발열 현상으로 순간에 높은 온도로 치솟게 되는 경우가 있어서 예열장치와 더불어 냉각장치도 반드시 필요하다.

배터리 냉각장치조절의 기본은 외부 온도센서와 에어컨시스템 데이터 및 배터리 현재온도 그리고 냉각순환 데이터 등을 갖고 해당 작동장치(actuator, 엑추에이터)들을 작동시키는 자동 컨트롤(배터리 고유의 ECU) 시스템이다.

대부분의 고전압자동차들은 공기냉각 방식 시스템으로도 배터리 냉각이 충분하다. 냉각 컨셉에 따라 자동차 내부로 유입되는 에어컨 공기를 이용하여 다양한 공기통로를 설치해 송풍기로 배터리를 냉각시키거나 또는 배터리 주변에 별도의 에어컨이나 응축기를 장착하고 냉각순환싸이클을 통해 유입된 공기를 냉각하여 배터리를 냉각하기도 한다. 자동차 회사와 각 모델 컨셉에 따라 수냉식 방법을 사용기도 한다.

예를 들면, BMW X6모델과 아우디A3 e-tron 스포트백(Sportback) 모델은 실러(Chiller)수냉식 방법을 사용한다. 실러 수냉식은 냉장고 원리와 같다. 에어컨과 열교환기를 연결해 별도의 저온 냉각수 순환 싸이클을 두어 필요에 따라 배터리 냉각을 위한 냉각수를 순환시킬 수 있는 장점이 있다.

즉, 실러방식은 두 개의 순환구조를 갖는다. 저온 순환구조와 고온 순환구조이다. 고온 순환구조는 라디에이터로 연결돼 냉각되고 저온 순환구조는 라디에이터와 맞닿은 콘덴서와 연결돼 냉각 순환하는 시스템이다. 저온 순환구조로 냉각이 필요한 부품만을 선택적으로 냉각할 수 있다는 장점이 있다.

충전 시스템(On Board charger)

충전시스템은 전기자동차나 플러그 인 하이브리드 시스템에 필요한 장치이다. 배터리의 충전상태와 배터리 셀의 온도 등을 관리하는 배터리 관리시스템과 온 보드 충전시스템이 연결되어 작동한다. 충전은 각 자동차제작사의 컨셉에 따라 직류충전방식 혹은 교류충전방식으로 나뉘고 또 급속 충전방식이냐 일반 충전이냐에 따라 다음과 같은 네 종류의 플러그 시스템이 있다.

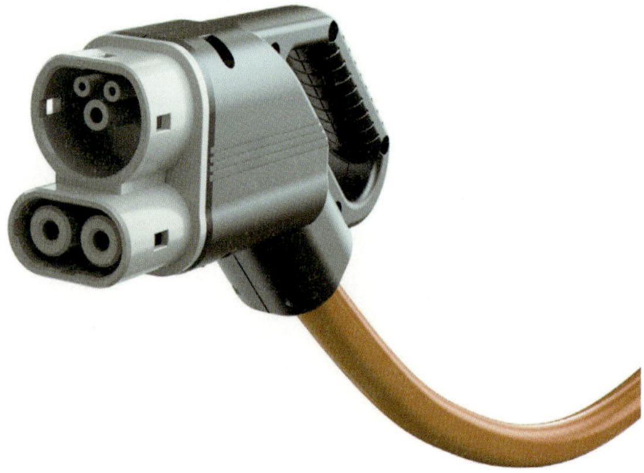

① combo(CCS: Combined charging Sytem)플러그. 유럽형 표준 충전 플러그로 170kW에 200A까지 가능하고 직류전기에서 급속충전용으로만 사용이 가능하다.

② 타입 2로 유럽 표준형이다. CCS와 다른 점은 직류는 물론 교류전기로도 충전이 가능한 충전플러그이다.

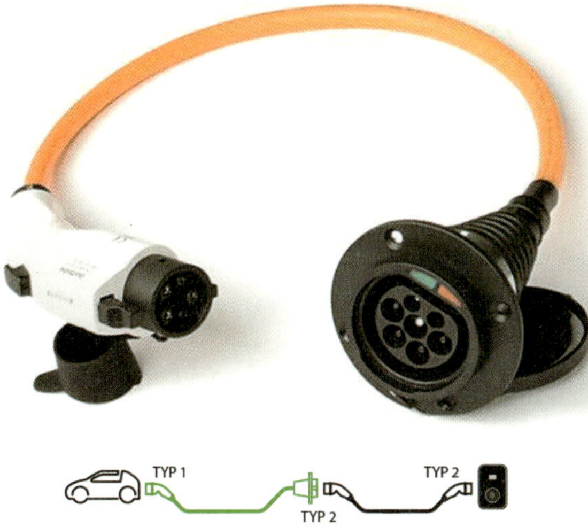

③ 타입 1으로 일본 표준형 충전플러그이다. 유럽 표준 플러그 타입 2와 어댑터로 연결해서 충전할 수 있는데 교류전기로만 충전할 수 있다.

④ 일본 표준으로 급속충전을 위한 충전플러그. 직류전기로만 충전이 가능하다.

[그림 1.28] 충전코드의 종류

EU 표준 플러그는 프록시미티(Proximity)와 콘트롤파이롯(Control Pilot)선으로 연결돼 자동차와 외부 충전시스템과의 데이터통신도 가능하며 직류 및 교류 충전도 가능하다. 일반 전력 공급망으로부터 충전하는 방식은 예를 들면, 230볼트 교류에 6암페어로 충전하면 폴크스바겐 e-골프 모델은 완전 충전까지 약 8시간에서 최대 13시간 정도가 소요된다.

하지만 공공 충전시설이나 Wallbox(Home Charger Device)같은 고출력 충전시스템을 사용하게 되면 제작사와 모델에 따라 완전충전까지 5시간 혹은 3시간 이내에 충전이 완료된다.

급속 충전시스템

충전인프라 못지않게 급속충전시간은 전기자동차의 상용화에 가장 큰 변수다. 2018년에 독일은 고전압자동차를 평균 30분 이내에 80%까지 충전할 수 있는 수준이었다. 최근에는 5분 이내에 급속충전을 완료할 수 있는 새로운 충전시스템의 개발을 마치고 상용화를 눈앞에 두고 있다. 본격적인 전기자동차의 시대가 생각보다 훨씬 빨리 실현될 것으로 보인다.

급속충전을 위해서 개발한 플러그는 콤보플러그(Combo Plug)이다. 콤보플러그는 CCS (Combined-Charging-System : 전기자동차 복합 충전시스템) 방식의 급속충전용 EU 표준 플러그로 지정됐으며 직류로 충전되는 시스템이다. 플러그와 맞는 소켓은 급속충전과 일반 충전이 가능한 복합형이다. 급속충전은 현재 170[kW]에 200[A]까지 가능하다.

EU 표준과는 달리 미국과 일본은 급속충전시스템과 일반충전시스템에 다른 플로그와 소켓 시스템을 사용한다. 미국 및 일본 고전압 자동차의 충전을 위해 독일의 충전소에는 미국과 일본식 충전시스템이 함께 장착되어 있기도 한다. 이들 급속충전시스템은 유럽표준과 마찬가지로 직류로 충전되며 62,5kW에 200A까지 가능하다.

전기에너지 변환장치(Power Control Unit)

고전압 자동차의 전기 에너지 변환장치 PCU는 중요 부품인 고전압 배터리와 전기모터 그리고 고전압 네트워크와 일반 12[V] 자동차보드 네트워크를 서로 연결해 해당 부품에 맞는 전압과 전류를 공급해주는 역할을 한다.

그러기 위해서는 직류에서 직류로 변환해주는 변환기인 컨버터(Converter)와 교류를 직류로 혹은 직류를 교류로 전환해주는 변환기인 인버터(Inverter)가 필요하다. 전류나 전압을 변환하는 과정에서 발생하는 높은 온도를 냉각시키기 위해 변환기(PCU)에는 반드시 냉각수 순환장치를 장착한다.

인버터(Inverter)

인버터는 직류전기를 교류전기로 혹은 반대로 교류전기를 직류전기로 변환해주는 장치이다. 고전압배터리에 저장된 전기에너지는 직류전기이다. 이 직류전기를 교류로 전환해 단상 혹은 3상 교류 전기모터에 사용하기 때문에 인버터는 전기에너지 저장장치인 고전압 배터리와 3상 교류 전기모터 사이에서 반드시 필요하다.

또한 인버터는 브레이크과정에서 제동력을 이용해 교류모터에서 발전한 전기를 직류로 변환해 배터리에 저장하는 역할도 수행한다.

컨버터(Converter)

직류와 직류를 변환하는, 말하자면 직류전기의 전압이나 전류를 변환해주는 장치이다. 예를 들면, 고전압 배터리에서 나오는 300~400[V]의 고전압을 12[V]로 낮춰서 자동차 보드전기로 사용할 수 있도록 낮추기도 하고 필요에 따라 12[V] 보드용 배터리를 충전하기도 한다. 따라서 하이브리드 자동차에서는 기존 내연기관과 연결돼 작동되는 별도의 보드전기 에너지공급용 발전기가 필요없게 된다.

컨버터는 직류전기의 전압을 필요에 따라 높이기도 하고 낮추기도 하는데 이 경우 고전압과 낮은 전압의 선을 직접 물리적으로 연결해서 낮추는 것이 아니라 갈바닉 분리(Galvanic Decoupling 혹은 Galvanic Isolation)로 고전압 회로와 일반 12[V] 회로를 직접적으로 연결하지 않고 전자기유도현상을 이용해 전압을 높이거나 내린다.

직접적인 접촉이 없기 때문에 변압과정에서 발생할 수도 있는 합선의 위험성에 대해 염려하지 않아도 된다. 즉 안전성이 뛰어나다. 만약 400[V]가 넘는 고압회로와 12[V]가 합선되면 자동차의 모든 전자기 부품들은 고전압선과 합선되는 순간 전체 부품들이 모두 망가지는 참사를 면치 못한다. 자동차는 물론 사람에게도 치명적이다.

전자기유도현상으로 고전압을 얻는 방법으로 가장 잘 알려진 것은 기존 12[V]에서 고전압 전류를 얻는 일반 자동차 점화코일이다.

[그림 1.29] 토요타 프리우스의 파워컨트롤 장치(Power Unit Control)

고전압 자동차의 공조장치(에어컨 및 히터모듈)

전기에어컨 모듈

고전압자동차 시스템에서 공조장치인 히터와 에어컨 시스템은 기존의 내연기관자동차보다 그 역할이 더욱 중요하다. 전기자동차에 내장된 리튬이온 고전압 배터리는 반드시 특정한 일정 온도범위에서 작동되어야 하기 때문이다.

고전압 자동차에서 전기모터로 운행할 경우 기존의 공압 및 유압기계식 에어컨펌프나 엔진 냉각수를 이용한 히터시스템을 작동하기가 어렵기 때문에 반드시 전기모터로 작동되는 전기에어컨 및 전기히터 시스템을 갖춰야 한다.

전기 공조(에어컨) 시스템은 가다서다(Stop & Go)를 반복하는 대도시 시내주행에서도 안정적으로 작동해야 하며 출발 전에 실내공간의 온도를 어느 정도 미리 맞춰주는 실내온도 예열 기능도 갖추어야 한다. 제작사 모델에 따라서는 실내 공기로 고전압 에너지저장장치의 예열과 냉각을 하기 때문에 출발전 미리 일정범위의 실내온도를 맞춰줘야 하기 때문이다.

고전압 자동차에서 에어컨 압축기(Compressor)로 이러한 다양한 기능들을 안정적으로 수행하려면 일반 보드 전기에너지 저장장치인 12[V] 배터리만으로는 충분하지 않다. 따라서 별도의 고전압 배터리 전선을 압축기에 직접 연결해야 하고 에어컨 압축기를 구동하는 전기모터 역시 당연히 고전압 직류전기를 교류전류로 바꿔주는 인버터가 별도로 장착되어 있다.

에어컨 압축기는 운전자나 승객의 요청(명령)이나 고전압 배터리의 충전과 작동상태 및 온도 그리고 차량의 현재 운행상태에 따라 ECU와 CAN-BUS(통신망) 혹은 PWM[2)](PDM)-시그널을 통해 연결되어 소통하면서 통제할 수 있도록 되어 있다.

전기히터 시스템

고전압자동차의 난방시스템에도 고전압배터리의 전기를 사용한다. 하지만 고전압 자동차에서 전기 히터를 사용하다보면 운행거리가 줄어드는 단점이 있기 때문에 자동차제작사들은 모델의 컨셉에 따라 기존 내연기관자동차의 버너가 장착된 히터시스템(Block Heater)을 부가적으로 장착하기도 한다.

초창기 전기자동차에는 기존의 히터 시스템(Block Heater)을 별도로 장착하기도 했었다. 하지만 히터를 가열하기 위한 버너와 버너의 연료로 휘발유나 경유를 사용해야 하기 때문에 전기자동차의 친환경 목적과 부합되지 않고 히터 연료공급시스템을 장착해야 해서 최근엔 주로 고전압 배터리로 작동되는 히터시스템(PTC : Positive Temperature Coefficient)을 장착하고 있다.

전기 구동 모듈 및 제동 시스템

피스톤 내연기관이 없는 전기자동차에는 엔진과 연동되어 작동되는 유압식 동력 전달장치나 유압 조향 장치 및 유압식 브레이크를 장착하기 어렵다.

---

2) PWM : pulse-width modulation (펄스 폭 변조) / PDM : pulse-duration modulation (펄스 지속 변조)
: 메시지를 펄스 신호로 인코딩하는데 사용되는 변조 기술)

그래서 전기자동차에서는 조향장치 및 구동장치, 특히 자동 트랜스미션은 유압 컨버터를 사용하지 않고 유압이나 공압펌프 대신 전기전자식 펌프를 사용한다. 특히 안전과 직결되는 파워 조향장치의 전기전자식 펌프는 그 작동에 있어 안전 다중성(redundancy)이 확보되어 있어야만 한다.

기존 자동차의 12[V]로 연결되는 X-By-Wire는 물론이고 고전압 배터리로 작동되는 전기 및 하이브리드 자동차에서도 X-By-Wire 혹은 Steer-By-Wire 등과 같은 전기 전자 모듈시스템들은 모두 다중의 안정성과 안전성이 충분히 확보되어야 한다. 특히 기존 자동차와 가장 크게 구별되는 것이 브레이크 에너지 회복장치(회동장치)이다. 고전압 자동차에서 전기모터로 운행시 기계식 진공펌프로부터 부압(negative pressure)을 얻는 것이 불가능하므로 브레이크 부스터를 위한 부압은 전기모터로 작동되는 펌프를 사용한다.

하이브리드 자동차에서는 전기펌프와 기존 내연기관과 연결된 기계식 펌프로부터 운행상황에 맞게 선택적으로 부압을 적용하기도 한다. 12[V] 보드 전기로부터 펌프를 작동시키기 위해서는 압력 센서가 장착되어야 하고 고전압 배터리로부터 펌프를 작동시키려면 제동관리(Brake Management System)에 따른 페달 위치센서도 필요하다. 따라서 각종 센서들이 많아지면서 모던 자동차분야에서 센서와 센서간의 통신과 해당 액추에이터간의 통신시스템이 차지하는 비율은 더욱 높아지고 있는 추세이다.

브레이크 회복(회동)에너지를 보다 효율적으로 조절하기 위해서는 페달 위치센서 정보가 필요하다. 페달위치정보는 배터리관리 시스템에도 적용되는 등 다양한 분야에서 매우 중요하다.

Chapter 2

고전압 자동차에 대한 기술 및 정비 교육

EuP: Elektrotschnisch unterwiesene Person(electrically trained person)

- 고전압 안전 차단장치
- 고전압하에서의 작업
- 고전압 에너지 저장장치 탈부착 및 분해 수리 작업자동차 시스템 모듈

독일 및 유럽연합은 고전압 자동차에 대한 안전 교육을 의무규정으로 정하고 이 과정을 마친 사람에게 EuP 인증서를 수여하도록 하고 있다. EuP는 독일어로 Elektrotechnisch unterwiesene Person(영어로는 electrotechnically trained person), 즉 '전기기술을 교육(훈련)받은 사람'이라는 뜻이다. 여기서 'trained'이라는 것은 말은 명시적 지식(Explicit Knowledge)을 기반으로 암묵적 지식[3](Tacit Knowledge)을 습득했음을 의미한다.

명시적 지식은 말과 글로 전달이 가능한 형식적인 틀과 형태를 갖는 모든 지식들을 말하며, 암묵적 지식은 일정한 형태와 틀이 없어 경험과 반복 그리고 시행착오를 통해서만 몸으로 체득할 수 있는 지식을 말한다. 따라서 말과 글로 전달이 불가능한 암묵적 지식은 교실이나 강의실에서는 체득하기가 어렵다.

고전압 자동차에 대한 모든 안전교육 과정은 실제 몸으로 익혀서 체득되어야 하는 암묵적 지식에 해당된다. 몸으로 익혀야만 실제상황에 제대로 적용할 수 있고 돌발 상황에 대해서도 재빨리 능동적으로 대처할 수 있기 때문이다.

독일 표준(DIN VDE 0105-100)에 의하면 EuP를 "자신에게 주어진 업무에 대하여, 그리고 잘못된 일처리로 인해 생길 수 있는 위험에 대하여, 또한 보호 장치나 보호 조치가 필요한 경우에 대해서 전기기술 전문가로부터 교육을 받은 사람"으로 명시하고 있다. EuP는 전기장비나 전기장치를 안전하게 다룰 수 있는 안전 교육을 받은 사람 혹은 고전압 안전 차단기술교육을 받은 사람이라는 뜻이지 전문 전기기술자를 의미하는 것은 아니다.

독일의 고전압 자동차의 안전 정비교육에 대한 법적 규정의 근거는 전기시스템 및 장비에 대한 사고 예방 규정인 DGUV 규정 3(이전의 독일 법 규정은 BGV A3 §3 (1)) 즉 "전기시스템 및 전자 장비가 있는 모든 사업장은 전기기술자 규정 또는 전기기술 규정에 따라 전기기술 전문가의 관리나 감독 하에서만 건설, 유지, 보수, 수정될 수 있고 또 전기기술전문가의 감독 하에서만 사용되어야 한다"는 규정이다.

독일의 이와 관련된 규칙은 2002년 공장안전조례(BetrSichV)의 기술안전규칙(TRBS)에 포함되었다.

---

3) Tacit Knowledge(암묵적 지식)는 오스트리아-헝가리출신의 영국 철학자이자 화학자인 마이클 폴라니(Michael Polanyi 1891-1976)가 1950년대 말에 처음 주장했었다.

고전압자동차의 전기는 직류 400V 이상의 고전압으로써 감전되는 순간 치명적인 타격을 피하기 어렵다. 따라서 고전압 전력장비를 사용하는 공장이나 사업장의 안전규칙(독일 직업조합규정 BGI 8686)에 따라 EuP교육이 전기자동차, 하이브리드자동차, 연료전지자동차 등 고전압자동차 정비 과정에 필수과정으로 포함되었다.

이전에 EuP과정을 이수하지 못한 자동차 관련 기술자 및 정비사들이나 정비 마이스터들은 재교육을 통해 EuP자격증을 취득해야 한다. 재교육을 이수하지 않으면 고전압자동차의 기술검사나 정비를 할 수 없다. 단 EuP자격증 소지자의 감독 하에서는 기술정비나 점검이 가능하다.

EuP 교육은 자동차협회의 자동차 마이스터학교와 전기직능협회 아카데미 등 EU정부나 독일 연방 정부의 위탁을 받은 기술 관련 교육기관에서 실시한다.

EuP 1단계 교육내용

고전압 자동차 정비와 관련한 첫 번째 안전교육 대상자들은 자동차의 전기 및 전자작업과 전혀 관련이 없어 보이는 작업, 예를 들면 타이어 및 엔진오일 교환, 테스트 운전, 바디 및 도장작업과 같은 작업자들에 해당된다.

고전압 안전교육의 기초는 고전압의 아크(연속적인 불꽃을 동반한 방전현상으로 순간적으로 온도가 5000℃ 이상 올라가는 현상)와 스파크(일시적 비연속적인 방전으로 고주파 임펄스 노이즈를 동반)현상과 그에 따른 감전과 위험에 대한 내용이다.

고전압 자동차부품들에 대한 안내 표시방법(예를 들면, 엔진룸의 오렌지색 전선으로 연결된 부품들은 직류 400볼트 이상의 고전압부품이라는 표시)을 숙지하고 감전시 응급조치와 긴급 구조대 연락번호 등을 미리 숙지하도록 교육한다.

교육내용은 다음과 같다.

- 각 부품별로 고전압 부품들과 일반 부품들을 확실히 구별하는 교육
- 고전압 자동차를 작업대(리프트)에 안전하게 설치하는 실습교육
- 고전압배터리차단장치의 위치파악 후 고전압차단 교육(대개는 EuP 2단계 과정 이수자가

실시한다.)
- 수리하려는 고전압 자동차에 제3자가 접근하는 것을 막아야 하는 의무에 관한 교육
- 허락되지 않은 작업이나 업무는 일체 하지 않도록 하는 교육
- EuP 2단계 이상의 자격을 가진 사람의 감독 및 지시에 따라서만 부품 작업을 하도록 하는 실습교육

1단계 EuP 교육은 이론을 제외한 실제 실습시간이 적어도 2시간에서 4시간 이상 되어야 하며 이를 증명할 수 있어야 한다.

EuP 2단계 교육내용

고전압 자동차의 두 번째 안전교육은 고전압 차단과 고전압 부품교체 및 수리 능력이다. 교육참가 조건은 기본적인 전기전자 기초이론이 확립되어 있어야 하고 감전이나 방전등에 대비한 응급처치 능력 및 안전관리 능력이 있어야 한다.

교육의 핵심은 고전압 차단과 확인 그리고 재연결능력과 더불어 각종 고전압 부품들의 점검 및 교체능력이다.

고전압차단의 단계

첫 번째 안전규정

- 가장 먼저 고전압 주의 표시판을 자동차지붕이나 전면 유리에 부착한다.
- 자동차의 시동키를 돌려 기본 점화 동력을 완전 차단한다. (이때 시동키는 반드시 뺀다.)
- 고전압 차단 특수 고무장갑의 밀봉상태를 점검한 뒤 고무장갑을 착용한다. (밀봉 확인을 위해 반드시 장갑에 입김을 불어넣어 공기가 새는지 면밀히 살펴본다. 밀봉되지 않은 장갑은 100% 감전위험이 있으므로 반드시 폐기한다)
- 서비스 혹은 안전(Safety Plug)점검 플러그, 즉 자동차 배터리 메인 플러그를 뽑거나 뺀다.
- 퓨즈를 뽑아 차단한다.
- 인터록 /파일럿 /모니터링 회로용 플러그를 뽑는다.
- 자동차 내의 네트워크 연결을 차단한다.

[그림 2.1] 고전압 자동차의 점검시 반드시 부착해야 하는 표지판

고전압 자동차의 고전압을 차단하기 전에 먼저 고전압자동차임을 알리는 고전압 표지판을 잘 보이는 장소 즉 전면 유리나 지붕에 붙인다.

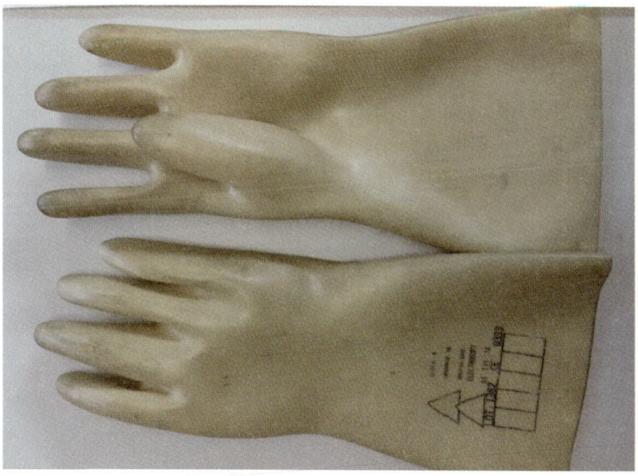

[그림 2.2] 고전압 차단 안전 장갑

고전압 차단용 특수 고무장갑을 반드시 공기를 불어넣어 새는지 밀봉상태를 점검하고 착용한다.(고전압은 바늘구멍만한 크기의 구멍으로도 전류가 흐르기 때문에 면밀하게 검사하는 습관이 가장 중요하다)

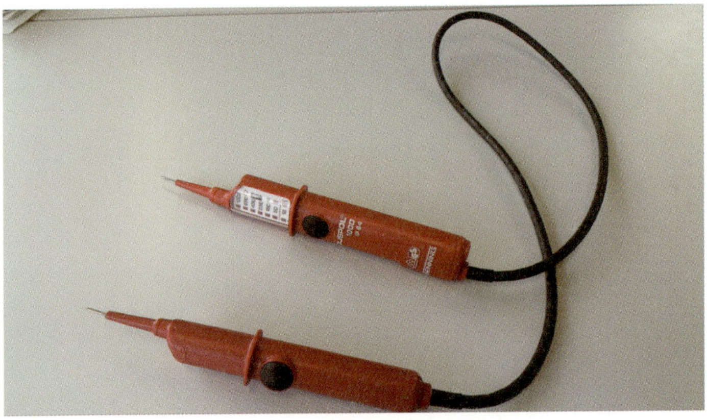

[그림 2.3] 고전압 전용 측정기

반드시 1000[V]까지 측정이 가능한 테스터를 갖추어야 하고 사전에 테스터가 정상 작동되는지 여부를 일반 전기콘센트에 꽂아 확인한다.

두 번째 안정규정

- 시동키는 반드시 뽑아서 제3자의 손이 닿지 않도록 보관한다. (만약 Start and Stop 기능이 있는 하이브리드 자동차의 경우, 시동키가 on으로 되어있으면 배터리 충전량에 따라 자동으로 시동이 걸리면서 고전압이 공급되므로 고전압자동차 정비점검 중에는 반드시 시동키를 뽑아서 안전한 곳에 두어야 한다)
- 서비스 혹은 정비점검 배터리 메인 스위치도 뽑아서 반드시 제3자의 손에 닿지 않는 장소에 두어야 한다. (작은 상자에 담아 열쇠로 잠그거나 스위치상자를 관련 기술자나 해당 정비자만이 아는 장소에 보관하는 것이 좋다)

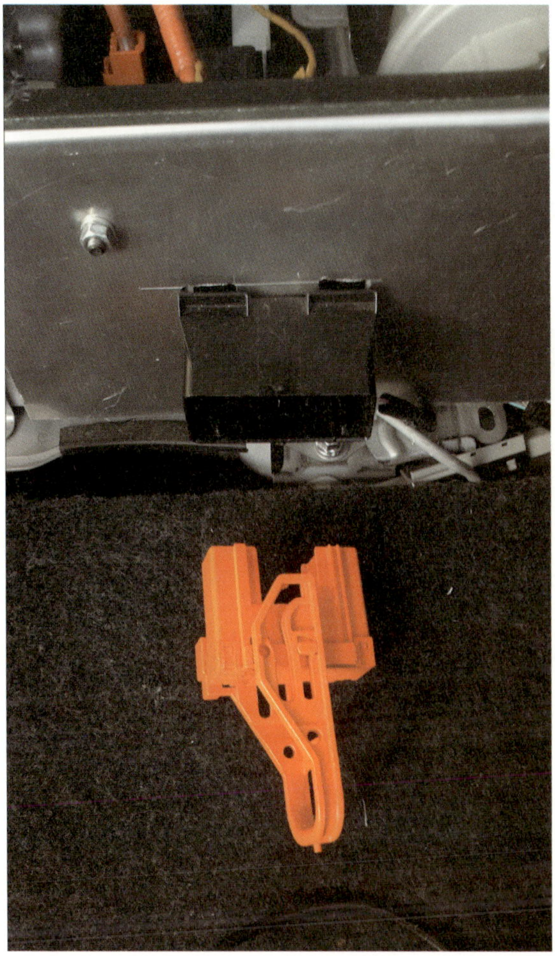

[그림 2.4] 고전압 자동차의 고전압 차단 메인 스위치

세 번째 안전 규정

- 잔류 전압 측정 후 확정 배터리 및 전력공급장치 그리고 파워 컨트롤 장치에 잔류 전력 혹은 잔류 전압이 남아 있는지 테스터기로 측정 후 전압 차단을 확인해야 한다. 이 경우 측정하기 전에 반드시 테스터기가 제대로 작동하는지 일반전기 공급선(전력 콘센트)에서 측정기의 정상 작동여부를 확인하고 측정한다.

[그림 2.5] 파워유닛에서 잔류 전력 확인

2 단계 고전압자동차 안전교육과정에서는 전압 차단상태에서 실시할 수 있는 모든 정비 및 수리를 위한 작업능력이 완전하게 몸에 체득되어야 한다. 전기전자에 대한 이론적 지식과 기본개념이 부족한 사람의 경우엔 공식적인 EuP 2단계자격을 마칠 때까지 이론수업을 포함해 100시간 이상의 현장 실습시간으로 능력을 증명해야 한다.

자동차 정비 교육과정 중인 사람이라도 최소 48시간의 현장 경험 실습시간을 필요로 한다.

EuP 3단계 교육내용

고전압 자동차의 안전교육의 세 번째 단계는 전압이 걸린 상태에서 작업할 수 있는 능력을 위한 교육이다.

교육 참가 자격은 2단계 고전압 자동차 안전정비교육 과정을 마친 사람이거나 관련학과 대학 졸업 이상의 엔지니어 또는 전기기술자로서 요구되는 최소한의 현장 실습 시간은 능력에 따라 다르다. 2단계 과정을 마친 사람은 8시간, 이론적인 바탕이 풍부한 대졸 엔지니어 및 기술자 등은 48시간, 그리고 전압 및 전류, 저항 등 전기 기초 측정기술 경력이 없는 사람은 100시간의 실습과정을 수료해야 한다.

독일 사회 보험(DGUV)의 규정에는 안전 감시능력, 조절 능력, 계기측정 능력 등과 건강한 신체능력을 갖춘 만 18세 이상의 성인으로서 심장 및 폐에 대한 응급처치 능력 보유자를 기본조건으로 하고 있다.

교육내용

- 독일 전기 전자 정보 기술 협회(VDE)의 표준(DIN)에 대한 기본 내용
- 전기전자회로에 대한 기술
- 전기전자 설비작업 특수 공구 조작 및 작동법
- 전선 배치 및 고정작업 능력
- 회로도에서 회로분석 및 회로 구축능력
- 제어기술과 센서기술
- 진단기를 통한 결함분석 및 오류문제 해결 능력
- 디지털 회로의 기능 점검
- 주변기기 연결 및 작동능력

고전압 배터리는 다른 고전압 부품들처럼 전원을 꺼도 잔류 전류나 전압이 최하 60V 이상 되기 때문에 고전압차단을 해도 배터리에는 어느 정도 전압이 있는 상태가 된다.

직류 60V 이상이면 상당히 위험할 수 있기 때문에 2단계 고전압 교육과정까지만 마친 수준에서는 배터리 셀의 수리 및 교체작업은 금지되어 있다. 따라서 3단계 과정을 마치면 전압하에서도 작업이 가능하고 반복된 트레이닝을 통해 배터리를 분해하여 셀을 교체하는 작업도 가능하다.

최근 고전압에 적용되는 배터리는 셀로 구성되어 있고 각 셀들을 직렬로 연결하는 방식이어서 배터리의 셀 수리 및 교체 작업수행을 위한 3단계 교육과정은 반드시 필요하고 도 중요하다.

Innung des Kraftfahrzeuggewerbes Berlin

ZERTIFIKAT

Herr Seongjun Park
geb. am 07.01.1993

hat in der Zeit vom 05.02.2018 - 16.02.2018
teilgenommen an einem

kraftfahrzeugspezifischen
Einführungskurs
zu den Themen

- Airbag und Rückhaltesysteme sowie Fahrzeugklimatisierung
- Vernetzte Systeme im Kraftfahrzeug
- Motormanagement Otto und Diesel
- Hochvoltfahrzeugtechnik
- Kfz-Beleuchtung

Berlin, 16. Februar 2018

D. Rau
Geschäftsführer

Innung des Kraftfahrzeuggewerbes Berlin
Fachschule für Kfz-Technik
Obentrautstr. 16 – 18 in 10963 Berlin

[그림 2.6] 베를린 자동차 마이스터학교의 EU 고전압(Hochvoltfahrzeugtechnik) 기본 1차 교육 인증서

Chapter 3

자동차 통신망 시스템(CAN BUS)

- 캔(CAN)통신의 원리와 기본 개념
- 하이캔(High CAN)과 로우캔(Low CAN)
- 캔버스(CAN BUS) 데이터 전송시스템과 프로토콜
- 캔버스 파형
- 캔버스 오류

CAN 통신의 원리와 기본 개념

자동차의 통신시스템

현대 자동차에서 전통적인 기계적 부품들이 점차 줄어드는 대신 전기전자부품들의 수는 더욱 늘고 있다. 게다가 더욱 엄격해지는 배출가스 규제와 높아져만 가는 연비기준 등으로 자동차의 구동장치와 안전장치(적극적 안전[4] & 수동적 안전[5]) 및 각종 편의장치도 다양하게 증가했다.

캔 통신시스템(CAN-Bus System)은 자동차의 각종 전기전자 모듈과 다양한 센서들 및 액추에이터 그리고 ECU와 상호 연결되어 소통하는 중요한 통신시스템이다. 따라서 이러한 다양한 전자적 부품들 간의 원활한 정보교환을 통해 정확한 작동은 물론이고 각종 고장과 오류들도 정확하고 신속하게 진단할 수 있다.

버스(BUS)란 우리가 익히 알고 있는 대중교통수단의 하나인 바로 그 버스와 같은 의미이다. 하나의 선으로 서로 다른 여러 통신 및 정보교환 시스템을 공유할 수 있다는 뜻에서 유래했다.

자동차에서 데이터 전송라인, 즉 CAN Line은 서로 꼬인 두 가닥의 선으로 구성되어 있다. 이 두 선 중 하나는 캔 하이라인(CAN-H)이고 다른 하나는 캔로우라인(CAN-L)이다. 두 선에서 발생하는 전압의 차이로 정보 전달을 한다. 오실로스코프에서 두 선은 해당 모듈에 대한 2채널의 전압변화의 차이로 표시된다.

---

4) 적극적 안전(Active Safety) : 교통사고시 혹은 사고 후에 발생할 수 있는 손해, 즉 인명 및 재산상의 모든 손해를 최소화할 수 있는 안전장치로 에어백, 안전밸트, 크럼블 존 등이 이에 속한다.

5) 수동적 안전(Passive Safety) : 교통사고를 사전에 미리 방지할 수 있는 장치로 브레이크, ABS시스템, 조향장치 등이 이에 속한다.

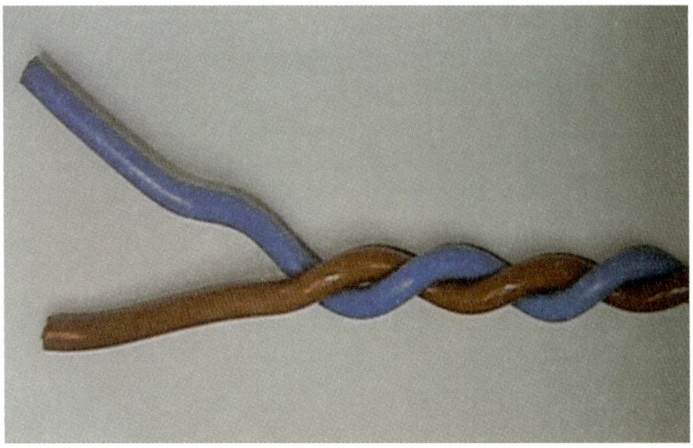

[그림 3.1] 자동차의 CAN BUS 선

위 그림처럼 서로 꼬인 자동차 CAN 데이터 전송라인 중 하나는 CAN-H 라인이고 다른 하나는 CAN-L 라인이다. 각 선의 색상은 메이커마다 각기 다르게 선택하기 때문에 자동차 제작사마다 다르다.

CAN의 데이터버스 라인을 서로 꼬아 놓은 주된 이유는 두 선의 간격을 일정하게 유지하게 함으로써 외부의 자기장 같은 장애로부터 보호하고 데이터 버스의 소음 방출도 방지한다. 이는 또한 외부장애를 차단하기 위한 추가 차폐(동축 케이블과 같은)장치도 필요하지 않다는 장점도 있다.

엔진 매니지먼트와 브레이크 시스템, 구동시스템 등 엔진과 트랜스미션 그리고 안전과 직결되는 분야에서는 정보전달이 빠른 고속캔(High Speed CAN 혹은 CAN-C) 버스시스템으로 구성되며 자동차 차체나 바디부분 부품들의 통신에는 비교적 느린 저속캔(Low Speed CAN 혹은 CAN-B) 버스시스템으로 작동된다.

에어컨이나 와이퍼 등 간단한 편의장치들은 단선 구조로 구성되는 LIN(Lokal Interconnect Network)버스 시스템을 사용한다.

린 버스(LIN BUS) 시스템은 캔 버스(CAN BUS)의 서브(SUB)시스템으로 자동차에 사용되는데 이는 캔 버스에 비해 가격이 저렴하고 구조와 작동이 간편하기 때문이다. 하지만 부품들과 센서들의 정보량이 최대 20[kbit/s]를 넘지 못한다. 따라서 정보량이 많지 않은 부품들은 비용과 효율면에서 린 버스(LIN BUS)시스템으로 작동하는 것이 유리하다.

자동차의 미디어와 텔레매틱을 위한 인포테인먼트(Infortainment)분야는 초당 23[Mbit] 이상 가장 많은 정보 전달량을 갖기 때문에 광섬유를 사용하는 모스트(MOST : Media Oriented Systems Transport) 버스시스템을 사용한다.

안전과 관련한 부품들은 실시간 정보 전달 및 처리능력이 매우 중요하다. 특히 초당 10[Mbit] 이상의 정보처리 능력이 요구되는 고속캔(High Speed CAN)버스나 Brake-by-Wire(전기지령식제동(電氣指令式制動), Steer-by-Wire(전자기 조향 장치) 같은 전자기작동 부품 모듈 시스템 그리고 더 많은 정보량을 필요로 하는 스마트 드리이브 시스템 같은 분야에서는 고속캔버스 대신 정보처리능력이 더욱 뛰어난 플렉스레이(FlexRay)버스를 사용하기도 한다. 플렉스레이 버스는 2007년도에 BMW X5모델에 최초로 적용했고 앞으로 자동차구동의 전동화가 가속화되면서 지속적으로 늘어날 것으로 전망된다.

광섬유로 전달되는 바이트플라이트(ByteFlight) 버스시스템도 있지만 플렉스레이와 마찬가지로 아직은 가격이 비싸다는 결정적인 단점이 있어서 최고급 럭셔리 승용차에만 극히 제한적으로 적용되고 있다.

초당 5.65[Mbit] 이상 정보처리능력을 갖고 있는 D2B 옵티칼(Optical) 버스도 있다. 이 버스시스템은 벤츠(Daimler Benz)사가 개발했다. 광섬유가 일반화되고 대량생산 등 생산 최적화로 가격경쟁력을 갖춘다면 조만간 일반화될 수 있는 버스 시스템들이다.

오늘날 자동차 내의 다양한 부품모듈의 버스 시스템에서 통신되는 모든 정보는 중앙 모듈(게이트웨이)로 수렴되어 CAN 버스시스템으로 전달된다. 따라서 모든 정보들이 모이는 게이트웨이에 진단기를 연결하면 보다 쉽고 빠르고 그리고 정확하게 진단을 할 수 있다.

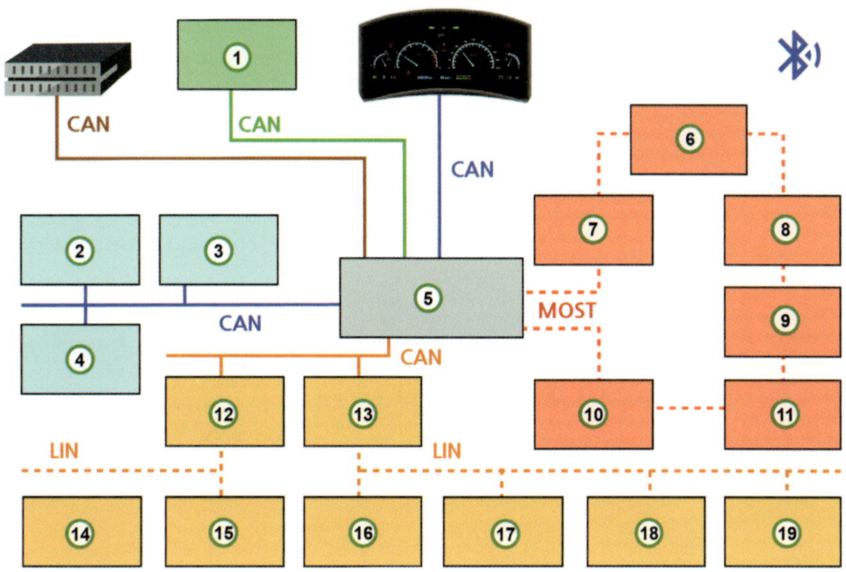

① 차간 거리장치
② 트랜스미션 ECU
③ 엔진 ECU
④ ABS, ESP
⑤ 게이트웨이, 진단 인터페이스
⑥ 텔레매틱
⑦ 계기판 인포메이션
⑧ TV 튜너
⑨ 앰프, 증폭기
⑩ 카드리더
⑪ 내비게이션
⑫ 선루프 전자장치
⑬ 에어컨 ECU
⑭ 선루프
⑮ 접이식 유리천장 모듈
⑯ 히터장치
⑰ 환풍장치
⑱ 계기판 정보
⑲ 계기판 정보전달

[그림 3.2] 모던 자동차 통신망의 구조

캔버스(CAN BUS)통신의 필요성과 역사

캔(CAN)은 Controller Area Network의 약자로 자동차에서 가장 널리 사용되는 일반적인 통신 버스 시스템이며 특히 진단과 점검에서 가장 중요하고 유효한 툴(tool)이다.

차량에 전기전자적 부품들이 많아지면서 기존의 일대일방식의 ECU와의 연결시 발생하는 배선의 문제(무게증가, 연비하락, 유지 보수 문제)를 해결하기 위해 1980년대 초에 독일 Bosch사에서 처음 개발한 것이 CAN이다.

CAN방식을 사용함으로써 기존 중형 승용차 내 600여개의 전선 케이블의 길이는 총 2km, 무게는 약 100kg 정도가 감소했다.

캔버스통신의 발전사는 다음과 같다.

- 1983년 벤츠와 BMW사의 요청에 의해 독일 보쉬(Bosch)사가 자동차 내 전자부품들간의 통신 프로그램으로 개발
- 1987년에는 Intel사와 필립(Phillp)사에서 첫 번째 캔버스통신용 칩이 개발
- 1989년에 첫 번째 캔버스통신시스템 승용차에 장착
- 1992년부터 벤츠 S클래스에 적용되고 이어 다른 자동차회사 모델에도 적용되기 시작
- 1992년 이후 ISO 11898(data link and high-speed physical layer) 사양 제정을 시작으로 SAE J1939 등 국제 표준화 작업 및 기존 표준사양으로 업그레이드
- 1994년~1995년을 기점으로 캔버스통신은 가장 많이 널리 사용하는 자동차통신시스템으로 자리잡기 시작.
- 2001년부터 소형승용차 구동부분과 바디부분에도 캔버스통신이 사용되기 시작.
- 2002년에는 BMW 7시리즈 같은 어퍼클래스 승용차의 비디오 및 오디오 데이터 부분과 프리텐셔닝 안전밸트 등에 플라스틱 광섬유(MOST)를 적용
- 2003년 아우디 신형 A8 모델에 현재 블루투스 기술의 원형이 되는 GSM 기술을 적용하여 텔레매틱스 모바일로 제어

이제 CAN-BUS는 OBD-II 차량 진단에 표준 프로토콜 중 하나로 표준화 되었다. 또한 OBD-II 표준은 1996년 이후로 미국에서 판매되는 모든 승용차와 소형 트럭에 필수사항으로 적용되었다. 유럽연합(EU)에서는 2001년 이후 판매되는 가솔린 차량과 2004년 이후 판매되는 모든 디젤차량에 EOBD 표준이 필수사항이다. 즉 2004년 이후 제작된 모든 자동차에는 의무적으로 OBD-2(유럽에서는 EOBD)가 장착되었다.

캔버스 통신의 장단점

기존 배선과 비교하여 캔버스 통신이 갖는 장점

자동차에서 버스통신의 가장 큰 장점은 케이블선을 하나로 통합해 전선의 길이와 무게를 현저히 줄일 수 있다는 점이다. 이는 전자전기 부품들의 전선들이 대부분 구리를 기본으로 하기 때문에 결국 자동차 가격경쟁력에도 매우 큰 영향을 미친다. 또한 단선구조로는 통신이 불가능한 것도 가능하게 됨으로써 각 부품들의 오류와 고장 등을 정확하고 신속하게 진단하는 것이 가능해진다.

자동차에서 버스통신의 또 하나의 가장 큰 장점은 데이터 텔레그램 혹은 데이터 프로토콜을 작성해 기록으로 남길 수 있으며 이 기록을 바탕으로 데이터 전송시 전자기파 등에 의한 오류들을 자동으로 비교 수정할 수 있다는 점이다. 그리고 자동차의 안전장비에 다중(Redundancy)적인 구조가 가능하다는 점도 큰 장점이다.

스스로 데이터 처리 프로세스를 갖는 센서들(예 : 조향각 센서) 및 액추에이터 (예 : VW 와이퍼 모터)같은 지능형 구성 요소의 데이터가 버스 시스템에 직접 연결되어 메인 컨트롤 유닛(CPU 제어 장치)에 전혀 부담을 주지 않는다. 진단기, 즉 CAN 버스를 통해 직접 컨트롤 유닛의 플래시 프로그래밍은 물론 상태 및 오류 메모리의 전송이 가능하기 때문에 빠르고 정확한 진단이 가능하다.

캔버스 통신의 단점

버스선의 길이를 임의로 늘일 수 없다는 단점이 있다. 이는 전기적 특성(시그널 혹은 파형반사)이 전송 속도와 관련해 그 물리적 한계를 갖기 때문이다. 이는 또한 전송속도에 따라 특정한 길이를 초과할 수 없어 차량의 컨트롤 유닛(CPU)에 대한 라인에도 똑같이 적용된다.

파형(Signal)의 품질을 최적화하려면 버스 라인의 끝이 종단 저항으로 완료되어야 한다. 특히 높은 전송 속도에서 부정확하게 종료된 케이블 끝은 전체 버스를 작동 불능으로 만들 수 있다. 즉 데이터 전송 마지막까지 완전하게 마무리가 안되면 버스(통신) 전체가 작동 불능이 된다.

캔 버스(CAN BUS)의 등급

현재 최신모델 자동차는 부품 및 모듈(Component)수에 따른 제어 장치(ECU)들을 장착하고 네트워크로 연결하여 각각의 서로 다른 요구 사항을 수반한다. 따라서 전송속도에 따라 각기 다른 CAN 버스 시스템이 차량에 설치될 수밖에 없게 된다. 이는 일반적으로 아래와 같이 3등급으로 나뉜다.

1. CAN A (정보 전달량 10[kbps] 미만)

초기 CAN BUS에 장착된 차량에서 주로 사용하던 진단 시스템이다. 이러한 초기 CAN BUS 진단시스템은 오류(Errer 혹은 Fault) 메모리를 읽고 진단 및 오류수정을 허용한다.

데이터 전송속도가 중요하지 않은 유지 보수 및 진단 목적에 부합한다. 최신 차량의 경우 모든 진단은 CAN C-버스 라인과 통합되어 CAN A는 이제 오래된 초기 CAN BUS 자동차에서만 사용되며 2010년 이후부터 제작된 거의 모든 자동차에서 사라졌다.

2. CAN B (정보 전달량 125[kbps] 미만)

편의장치, 디스플레이, 조명장치, 에어컨, 도어잠금장치, 계기판 등은 저속캔(Low Speed CAN) 버스를 통해 전달된다. 중요한 데이터들이지만 속도가 실시간으로 빠르지 않아도 되는 부품들에 적용된다. 예를 들어 차체 캔버스인 K-CAN과, 편의장치를 위한 캔버스인 Comfort CAN이 이에 속한다. 하지만 속도가 느려도 BUS는 안정적이고 견고해야 하기 때문에 CAN B(Low Speed CAN)은 ISO 11989-3 표준을 충족해야 한다.

3. CAN C (정보전달량 1[Mbps] 미만)

엔진관리(Management), 변속기, 전자식 주행 안정장치(ESC(Electronic Stability Control) 혹은 ESP(Electronic Stability Program)), ABS 등 컨트롤유닛(ECU)들과 연결되는 고속(High Speed CAN) 버스이다. CAN C BUS는 주행 안전과 관련한 부품들에 주로 적용되기 때문에 항상 실시간 정보전달과 처리능력이 중요하다.

실시간 정보처리 능력이란 데이터 전달과정에서 지연현상이 없거나 극도로 최소화되어야 한다는 뜻이다. 최근엔 아주 짧은 시간에 많은 정보가 전달되는 진단용 전문 BUS가 개발되어 ISO 11898-2로 표준화되었다.

하이스피드 캔(High Speed CAN)과 로우스피드 캔(Low Speed CAN)

캔버스는 하이스피드 캔(고속캔)버스와 로우스피드 캔(저속캔)버스로 나뉜다. 고속캔은 파워트레인 라인 즉 엔진과 변속기 그리고 브레이크 제어기 등과 관련 센서들과 액추에이터들을 연결하는 캔으로 하이캔(High CAN) 혹은 캔 하이(CAN High)버스라고도 한다. 그리고 차량의 쾌적함을 위한 컴포트 캔(Comfort-CAN) 또는 차체(Karosserie, Body 바디)를 위한 CAN 버스는 저속(Low Speed CAN, CAN-L, CAN-K)캔 버스이다. 저속캔 버스는 윈도우 레귤레이터, 시트 메모리 또는 타이어 압력 같은 주로 편의 시스템에 적용된다.

캔 데이터 버스 라인은 대부분 엔진룸에 배치되기 때문에 접지 및 배터리 단락, 점화시스템으로부터 플래시오버, 정전기방전 등 다른 간섭들에 노출되기 쉽다.

간섭은 통신 장애를 유발하는 주요한 요인이다. 트랜시버(송수신기)의 차동증폭기[6]에서 하이캔 및 로우캔(진단모니터에는 원하는 바에 따라 파형이나 디지털 형태로 나타낼 수 있다)를 해석 평가하는데 있어 이러한 차동 신호전송[7]기술은 외부 간섭의 영향을 크게 줄일 수 있다는 장점이 있다.

그리고 이러한 차동 전송 기술의 또 다른 장점은 엔진 시동시 발생하는 배터리 전압과 전류의 급격한 변화같은 보드 전압 변동이 개별 제어 장치에 대한 데이터 전송에 거의 영향을 미치지 않는다는 점이다.

CAN 데이터 버스의 활성화 여부는 전압 변화의 차이로 다음과 같이 구분된다.

캔 드라이브

CAN BUS는 하이캔(CAN-H)과 로우캔(CAN-L)이라는 두 개의 서로 다른 꼬인 선으로 이루어져 있고 각 선에 흐르는 전압의 차이를 이용해 순차적으로 정보를 전달하는 통신 방식이다.

6) 차동증폭기(Differential Amplifier) : 두 입력 신호의 전압차를 증폭하는 회로
7) 차동 신호전송(Differential signaling) : 두 개의 상보적인 신호를 사용하여 정보를 전기적으로 전송하는 방법

고속캔(High Speed)버스에서 두 라인 즉 하이라인(CAN-H)과 로우라인(CAN-L)은 모두 2.5V의 동일한 사전 설정 값을 갖는다. 이 말은 CAN-H과 CAN-L이 모두 정지 상태일 때의 전압을 말한다.

이 정지 상태를 열성(recessive)상태라 한다. 라인이 활성화(dominant)되었을 때는 CAN-H의 전압은 1[V] 이상 증가해 3.5[V](2.5[V]+1[V]=3.5[V]) 이상 상승하게 되며 CAN-L의 전압은 1[V] 이상 떨어져 1.5[V](2.5[V]−1[V]=1.5[V])가 된다.

결과적으로 CAN 데이터 버스 드라이브에서 활성 상태의 CAN-H 라인 전압은 3.5[V] 이상으로 상승하며 CAN-L 라인의 전압은 최대 1.5[V]로 떨어진다. 따라서 열성 혹은 비활성화(recessive) 상태에서의 CAN-H와 CAN-L 사이의 전압차는 0[V]이고, 우성 혹은 활성화(dominant)인 상태에서는 적어도 2[V]이다.

고속캔버스(High Speed CAN BUS)

고속캔버스는 실시간 정보전달이 중요하기 때문에 빠르면서 오류가 적고 정확해야 한다. 따라서 다음과 같은 특징을 갖는다.

- 엔진, 변속기, ABS, ESP, 에어백 컨트롤 유닛, 대시보드 패널 등에 적용된다.
- ISO 표준 11898-2으로 규정되었다.
- 500[kBit/s] 이상의 데이터 속도를 갖는다.
- 2개의 서로 꼬인 버스 케이블의 각 단면적 0.35[mm^2]이다.
- 특성 임피던스는 120[Ω]이다.
- 케이블의 색은 제조사마다 다를 수 있는데 예를 들면, 폴크스바겐 자동차의 CAN-H 라인은 주황색/검정색, CAN-L 라인은 주황색/갈색이다.
- 비활성화 수준은 두 선 모두에서 2.5[V]이며, 활성화된 수준은 CAN-H의 경우 3.5[V] 이상이고 CAN-L의 경우 1.5[V] 이하이다.
- 폴크스바겐 자동차 모델인 경우 CAN-H은 3.75[V]이고 CAN-L은 1.25[V]이다.
- BMW 모델의 CAN-H은 4[V]이고 CAN-L은 1[V]이다.

구동장치(파워 트레인 PT-CAN)의 BUS는 세 번째 라인이 연결되어 있기도 한데, 이것은 대개 메이커에 따라 절전모드(Sleep Mode)에서 정상상태로 신속하게 작동시키기 위해 연결한 선(웨이크 업 라인)이다. 슬립모드에서 CAN-H는 마이너스선으로 0[V]이고 CAN-L 라인은 12[V] 선이다. CAN-H라인이 12[V]가 되고 CAN-L라인이 0[V]가 되면 BUS는 웨이크 업 상태, 즉 버스라인은 'on' 상태가 된다.

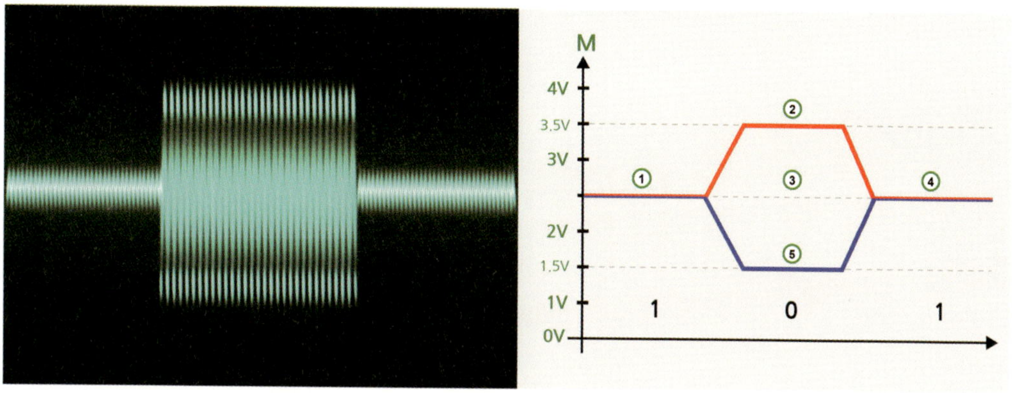

① 열성상태(Resessive)　② CAN-High
③ 활성상태(Dominant)　④ 열성상태(Resessive)
⑤ CAN-Low

[그림 3.3] 하이캔의 상태에 따른 전압변화

열성상태는 논리적으로 1이 되고 가장 낮은 가치를 갖는다. 이는 CAN 전송에서 활성상태의 0보다 데이터 전송 우선순위에서 밀리게 된다.

한편 CAN 신호가 독립적인 전력 증폭기에 의해 상쇄되고 CAN 데이터 버스 드라이브와 달리 CAN-H 라인과 CAN-L 라인이 레지스터를 통해 서로 연결되지 않기 때문에 CAN-L은 상대적으로 간섭에 덜 민감하다. 이는 CAN-H 및 CAN-L이 더 이상 서로 영향을 미치지 않지만 전압 소스로서 서로 독립적으로 작동한다는 것을 의미한다.

아래 그림은 고속캔버스에서의 데이터 전압 곡선을 오실로스코프에 나타낸 것이다.

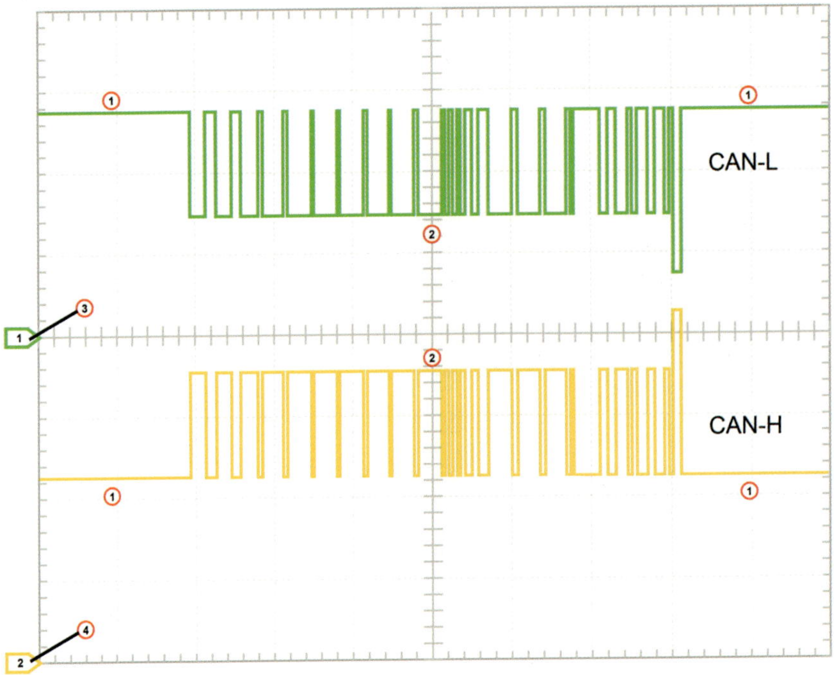

① 열성상태(Resessive) ② 활성상태(Dominant)
③ 채널 1의 제로(0)선 ④ 채널 2의 제로(0)선

[그림 3.4] 고속 버스(High Speed BUS)에서 일반적인 데이터 전압 곡선

고속캔버스의 오류의 예시

자동차에서 대표적 캔버스 오류는 합선, 즉 단락이다. 플러스선과의 단락인지 혹은 마이너스선과의 단락인지에 따라 또 차종과 메이커에 따라 파형형태는 다르게 나타난다.

위 그림 채널 1과 채널 2의 제로(0) 선을 오실로스코프 화면에서 2.5[V]에 맞추면 아래와 같은 자동차 고속캔버스의 표준 파형을 볼 수 있다.

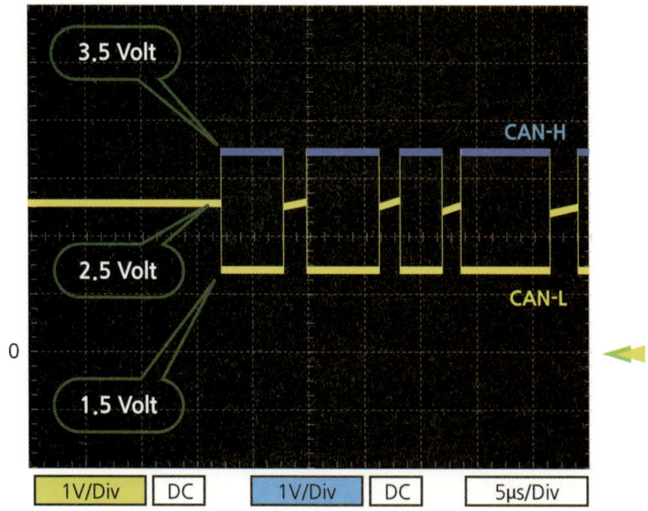

[그림 3.5] 정상적인 고속캔버스의 오실로스코프 파형

만약 CAN-H선이 자동차 보드에너지, 즉 12[V] 배터리 선과 단락되면 아래 그림처럼 파형의 위치가 변한다.

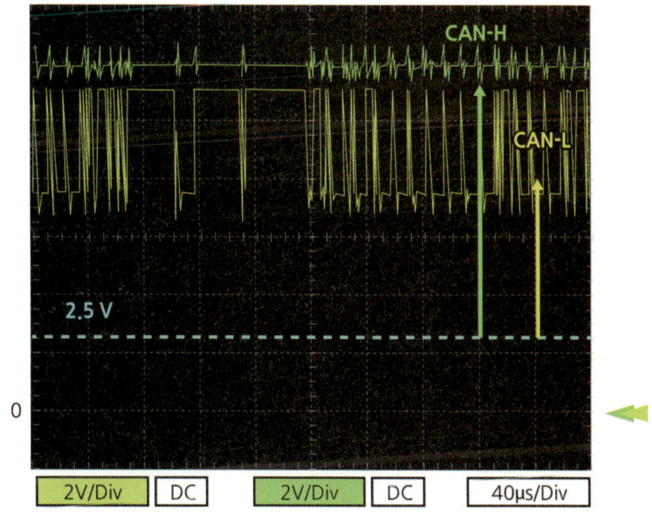

[그림 3.6] CAN–H와 12V의 합선일 때의 파형변화

고속캔버스의 CAN-L라인이 12V에 합선되었을 때도 같은 원리로 아래 그림과 같이 파형이 이동한다.

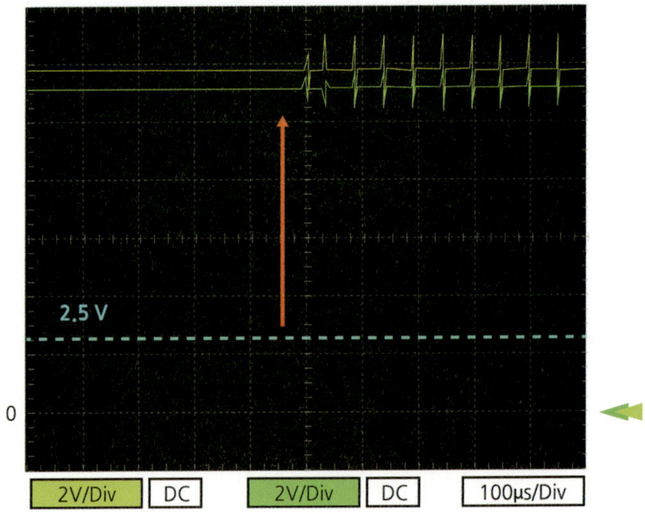

[그림 3.7] 고속캔버스의 CAN-L라인과 12V 합선 파형

12V로 합선이 되면 오실로스코프에 나타나는 파형은 모두 열성상태를 벗어나는 파형형태를 보여준다.

저속캔버스(Low Speed CAN BUS)

저속 캔버스는 주로 편의장치 및 바디 캔버스에 주로 사용된다. (CAN Comfort/Body CAN 등 메이커에 따라 다양하게 표시)

- ISO 표준 11519 혹은 ISO 11989-3로 규정
- 데이터 속도는 100[kBit/s] 미만이다.
- 2선은 꼬여 있으며 단면적은 각각 0.35[mm^2]이다.
- 케이블의 색은 제조사마다 다를 수 있으며, 예를 들면 폴크스바겐의 CAN-H은 주황색/녹색, CAN-L은 주황색/갈색이다.
- 편의장치를 위한 저속 CAN 데이터 버스는 단자(혹은 터미널 30 : 일반적으로 전기회로도에서 배터리가 직접 연결되어 항상 전력공급이 가능한 라인)와 함께 제공되며 대기 모드를 유지해야 한다. 차량 전기 시스템의 부담을 최소화하기 위해 시스템은 전체 시스템에 필요하지 않은 경우 소위 "슬립 모드"에서 "스위치 연결단자 터미널 15 꺼짐"으로 간다.

- 데이터 버스 회선의 단락 또는 CAN 회선의 중단시 Comfort CAN 데이터 버스는 나머지 라인과 함께 계속 작동할 수 있다. "단선 드라이브"로 자동 전환된다.
- CAN-H 신호는 0[V]에서 열성(recessive) 상태, 즉 정지 상태에 있으며, 활성화 상태에서는 3.6[V]의 전압에 도달한다. CAN-L 신호의 경우, 열성 수준은 5[V]이고, 활성화 수준은 1.4[V]이다. 따라서 차동 증폭기에서 감산 후의 열성 수준은 -5[V]이고 2.2[V]에서 우세한 수준이다. 열성과 활성화 수준(전압 스윙) 사이의 전압 변화는 7.2[V]로 증가된다.

일반적인 저속캔버스의 상태에 다른 전압변화는 아래 그림과 같다.

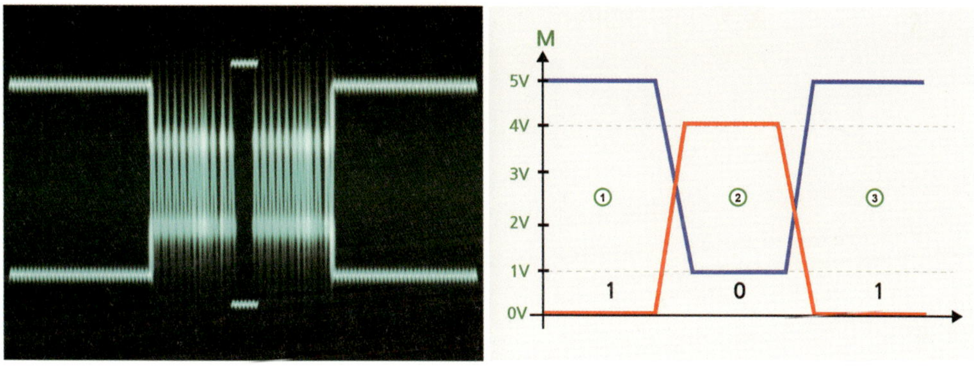

① 열성상태(Resessive) ② 활성화 상대(Dominant)
③ 열성상태(Resessive)

[그림 3.8] 저속 캔의 상태에 따른 전압 변화

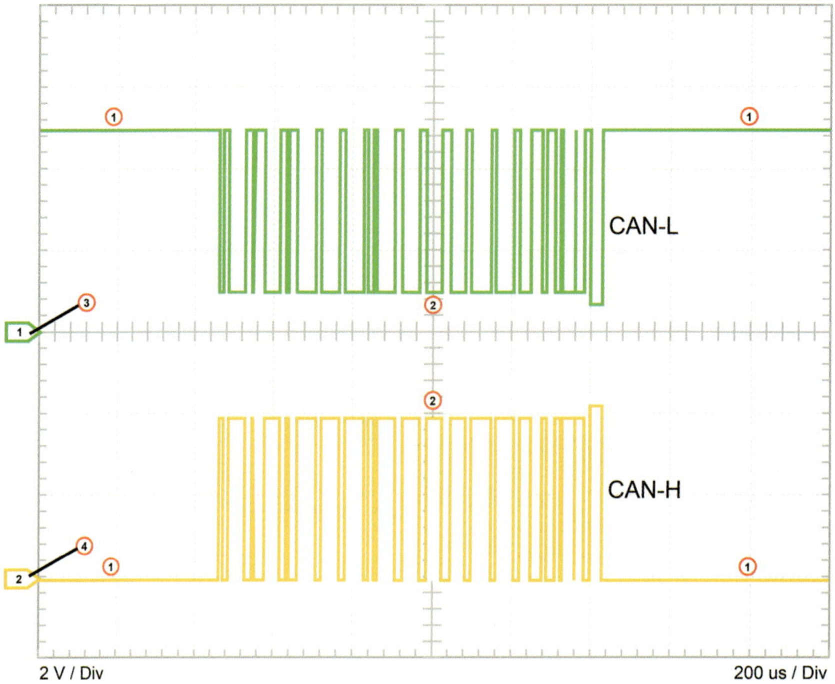

① 열성상태(Resessive) ② 활성상태(Dominant)
③ 채널 1의 제로(0)선 ④ 채널 2의 제로(0)선

[그림 3.9] 저속캔버스(Low Speed BUS)에서 일반적인 데이터 전압 곡선

저속캔버스 오류의 예시

위 그림처럼 CAN-L라인을 5[V]에 맞추고 CAN-H라인을 1[V]에 맞추면 아래 그림과 같이 CAN-L라인은 1[V]로 전압이 떨어진 활성상태의 파형을 보여주고 CAN-L라인은 0[V]에서 4[V]로 상승한 활성상태를 나타낸다.

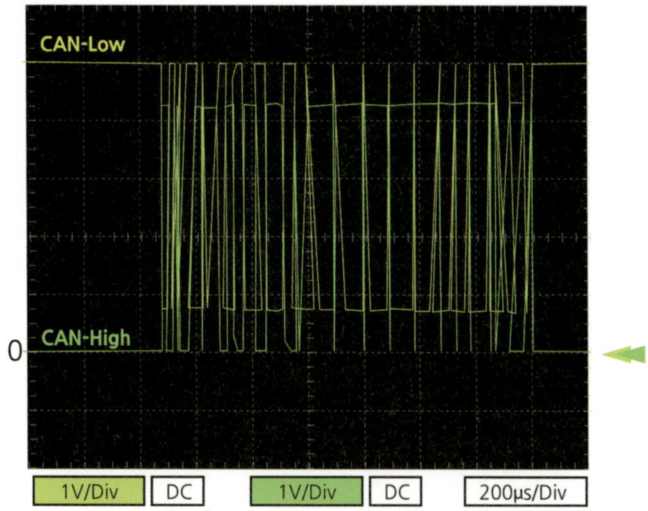

[그림 3.10] 저속캔버스의 정상적인 파형 형태

저속캔버스에서 CAN-H라인이나 CAN-L라인의 데이터 전송 오류는 아래 그림처럼 나타난다. 아래 그림은 CAN-H라인에서 어느 한 부품 혹은 모듈의 데이터가 제대로 전송되지 않은 것을 나타낸 것이다.

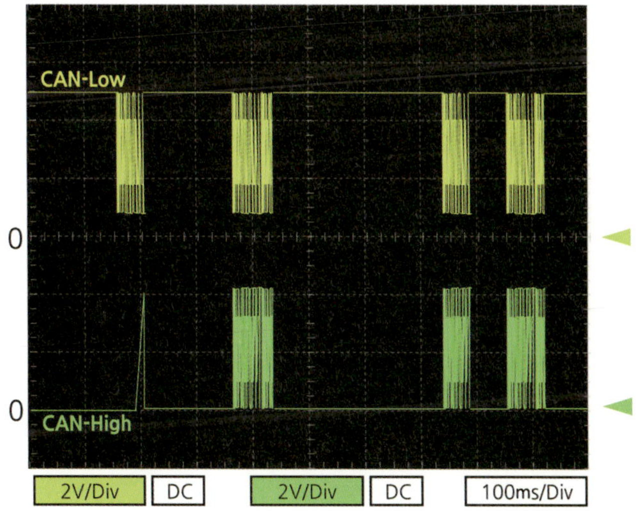

[그림 3.11] 저속캔버스의 CAN-H 라인의 모듈 데이터 오류

파형의 수준이 아래 그림처럼 다른 경우는 대개 전달과정에 저항이 걸려 그래프 파형이 정상적으로 나타나지 않는 경우가 대부분이다.

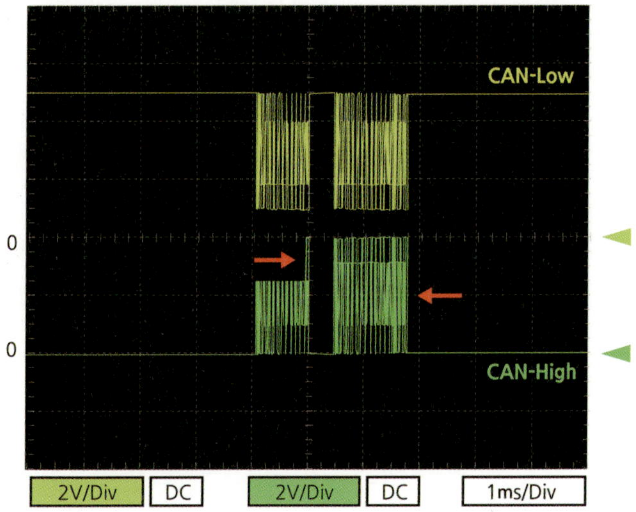

[그림 3.12] 저속캔버스의 CAN-H라인에 저항이나 부하가 걸렸을때

CAN-H 라인의 ACK정보는 제대로 전달되었으므로 데이터 전달과정 중간 어딘가에서 저항 등 장애가 존재할 때의 오류를 보여준다.

자동차 저속캔버스에서 CAN-H 라인과 마이너스선과의 합선은 자주 일어나는 오류 중 하나이다. 아래 그림은 저속캔버스의 CAN-H라인과 마이너스선과의 단락됐을 때 전형적으로 나타나는 파형이다.

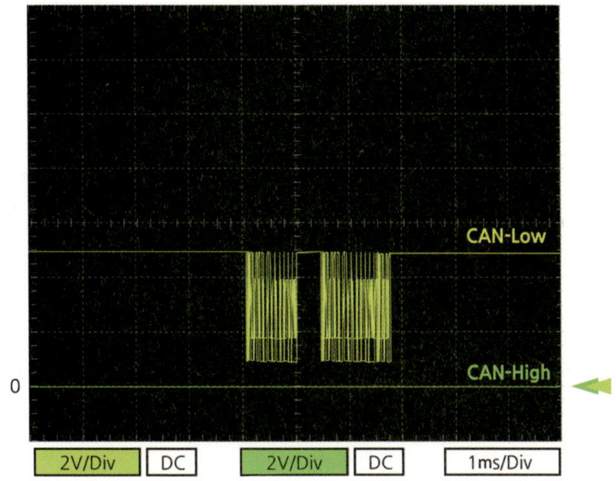

[그림 3.13] CAN-H라인과 마이너스 단락

저속캔버스의 CAN-H라인이 마이너스선과 합선이 되면 라인은 0[V]가 되어 파형이 존재하지 않는다. 주요 원인은 꺾이거나 끊긴 선 혹은 부품을 잘못 조립하거나 배선을 잘못 연결한 것이다.

저속캔버스에서 CAN-H라인과 CAN-L라인 두 라인이 서로 합선되면 아래 그림과 같은 파형이 나타난다.

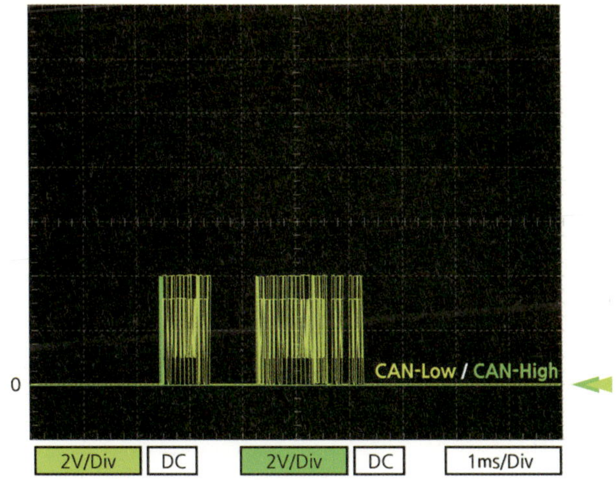

[그림 3.14] CAN-H 라인과 CAN-L 라인의 합선 파형

파형은 자동차메이커의 모델과 오실로스코프의 시간범위 그리고 각 채널 위치 등에 따라 다양하게 나타날 수 있다.

그 외의 캔버스 오류들

아래는 자동차에서 자주 발생하는 대표적인 캔버스의 오류들이다.

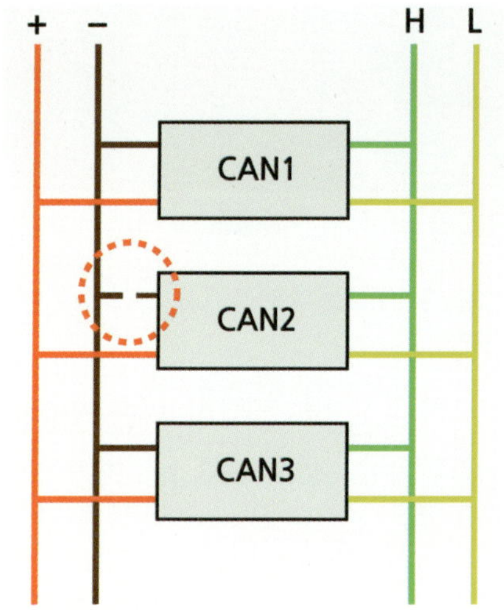

[그림 3.15] 캔버스의 마이너스 공급선이 끊어졌을 때

이때 오실로스코프에 나타나는 파형은 다음과 같다.

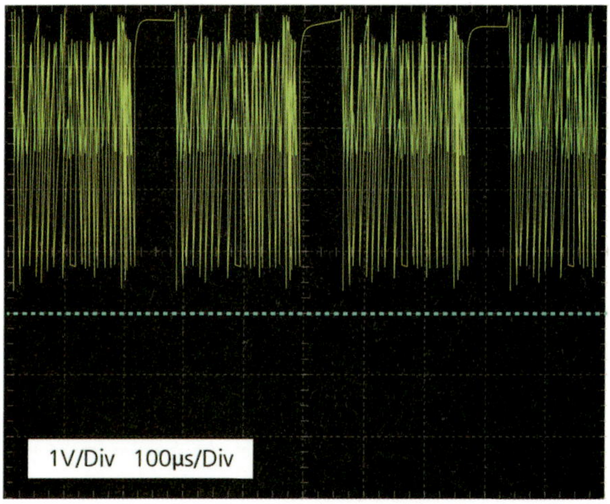

[그림 3.16] 마이너스선이 끊어졌을 때 파형

그림에서 CAN-H라인은 초록색라인이고 CAN-L은 노란색라인이며 가운데 파란색은 오실로스코프의 0라인이다.

또 다음과 같이 부품교환시 라인연결을 뒤바꿔 잘못할 경우나 어떤 다른 이유 등으로 두 라인이 교차했을 경우의 오류도 있다.

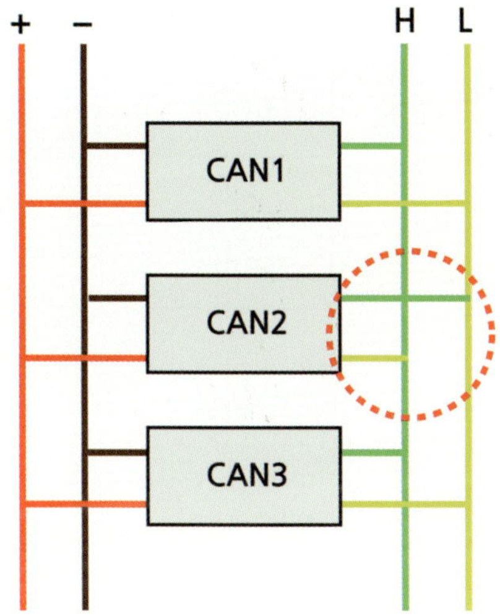

[그림 3.17] 캔버스의 뒤바뀐 라인

라인이 뒤바뀐 오실로스코프의 파형은 다음 그림과 같다.

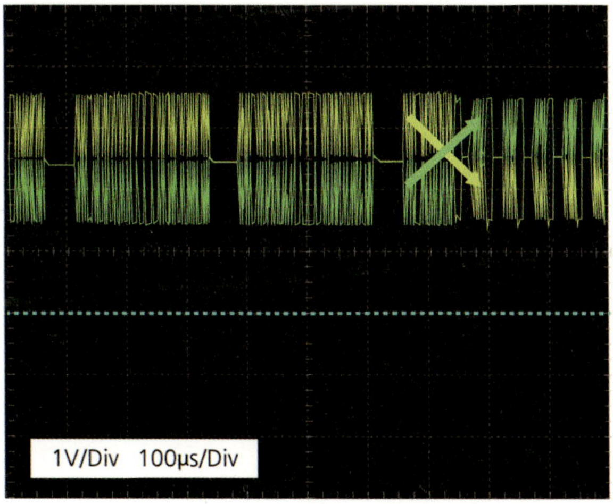

[그림 3.18] 뒤바뀐 라인의 파형

뒤바뀐 라인의 오실로스코프 파형을 얼른 알아보기는 쉽지 않다. 따라서 측정을 시작할 때 대략 0.5[ms]에서 1[ms]로 오실로스코프의 시간 범위를 조정하는 것이 편리하다.

12[V] 전기 공급선이 끊어졌을 때에 생기는 오류도 흔한 캔버스 오류이다.

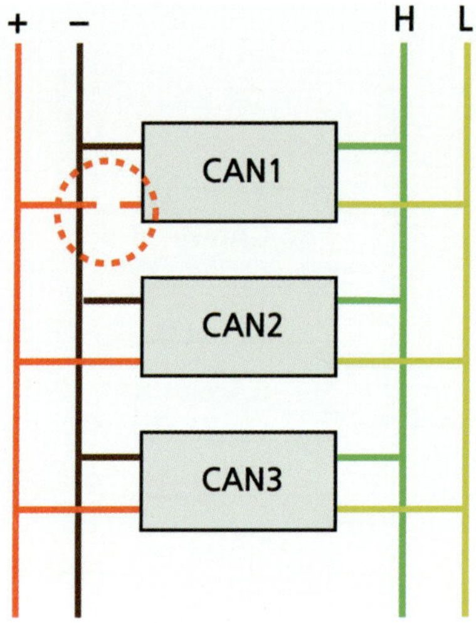

[그림 3.19] 12[V] 공급선 단절

이때 나타나는 오실로스코프의 파형은 다음과 같다.

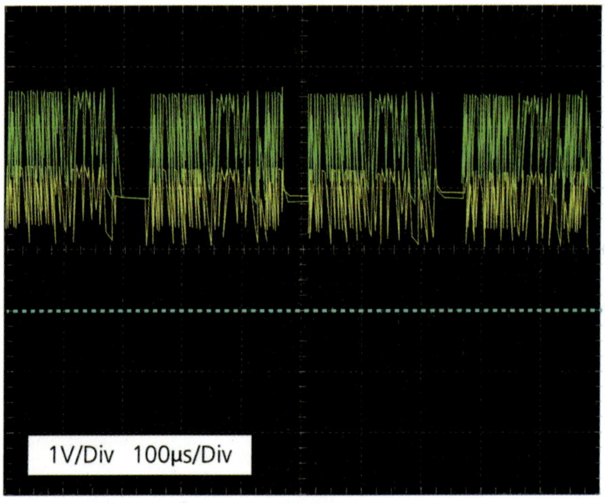

[그림 3.20] 12[V] 공급선 단절 파형

이외에도 다양한 합선과 접지 문제로 인한 수많은 캔버스라인의 오류들이 존재한다. 이러한 다양한 오류 문제들은 현장학습을 통해서만 습득이 가능하다.

캔버스 데이터 시스템

비트(Bit : binary digit)와 바이트(Byte)

컴퓨터에서 정보 전달의 기본단위는 0과 1의 이진법이다. 이 이진법의 기본요소인 "0"이나 "1"를 나타내는 단위를 비트라고 한다. 즉 하나의 비트는 0이나 1의 값만을 가지며 각각의 비트는 진실과 거짓 혹은 높음과 낮음 등 서로 정반대의 상태를 나타낸다. 캔버스에서는 0을 High, 1을 Low로 설정할 수 있다.

4개의 비트가 모인 단위를 1니블(Nibble)이라고 하며 8개의 비트는 1바이트다.

2개의 비트는 서로 다른 4가지 경우의 수를 나타낼 수 있다. 예를 들어 0과 1의 신호를 갖는 2개의 비트를 갖고 자동차 파워윈도의 각 정보를 CAN통신으로 전달할 경우 각 동작에 해당하는 정보신호체계는 다음과 같다.

[표 3.1] 비트와 정보수

가능한 변형	2. bit	1. bit	파워윈도의 정보
1	0 Volt	0 Volt	동작
2	0 Volt	5 Volt	정지
3	5 Volt	0 Volt	준비상태
4	5 Volt	5 Volt	차단

첫 번째 비트가 "0V"이고 이어 두 번째 비트도 "0V"면 "창문 리프트가 현재 동작하고 있다"는 정보다. 이렇게 하나의 비트는 두 가지 경우의 수, 즉 가능성이나 정보를 숫자를 나타낼 수 있고 비트를 늘림에 따라 표시할 수 있는 가능성은 아래와 같다.

- 1 bit = 2개의 가능성
- 2 bit = 4개의 가능성
- 3 bit = 8개의 가능성
- 4 bit = 16개의 가능성

- 8 bit = 256개의 가능성
- 12 bit = 4096개의 가능성

비트의 경우의 수는 다음과 같이 나타낼 수 있다.

비트의 경우의 수 = 2^n
여기서 n은 비트의 숫자

대부분의 전압 파형들은 실제적으로 사인형태의 아날로그 신호로 나타난다. 아날로그는 0%에서 100% 사이의 값을 나타낼 수 있다. 하지만 디지털 신호를 사용하는 컴퓨터나 디지털에서는 10진법을 사용하기 어렵다. 일상에서 널리 사용하는 10진법과 컴퓨터공학에서 주로 사용하는 2진법과 16진법과의 관계는 다음과 같다.

117

$$7 \times 10^0 = 7$$
$$1 \times 10^1 = 10$$
$$1 \times 10^2 = 100$$

117

위는 숫자 117을 10진법으로 나타낸 것이다. 이를 2진법과 16진법으로 나타내면 다음과 같다.

숫자 117의 이진법

01110101

$$1 \times 2^0 = 1$$
$$0 \times 2^1 = 0$$
$$1 \times 2^2 = 4$$
$$0 \times 2^3 = 0$$
$$1 \times 2^4 = 16$$
$$1 \times 2^5 = 32$$
$$1 \times 2^6 = 64$$
$$0 \times 2^7 = 0$$

117

숫자 117의 16진법

```
75
││
│└── 5 x 16⁰ =   5
└─── 7 x 16¹ = 112
               117
```

위에서 보는 바와 같이 2진법 4자리는 10진법 1자리와 같다.

10진법 117 숫자를 2진법으로 나타낸 0111 0101은 1byte, 즉 8bit로 표시되며 앞에서부터 8bit, 7bit, 6bit, … 순서로 표시된다.

이를 오실로스코프로 나타낼 때는 1bit부터 시작하기 때문에 순서가 역순으로 나타나게 된다. 0111 0101의 역순 즉 10101110의 디지털 파형이 디스플레이에 나타나는 것이다.

16진법과 10진법과의 관계는 다음과 같다.

[표 3.2] 16진법과 10진법의 관계

16_{10} = $C4_{16}$	10진법
C 4_{16}	C * 16 = 192
1100 00010_2	+ 4 * 1 = 4
A=10, B=11, C=12, D=13, E=14, F=15	192 + 4 = 196

위 도표에 나타낸 것과 같이 16진법에서 A는 10, B는 11, C는 12, D는 13, E는 14, F는 15가 된다. 따라서 예로 든 10진법 숫자 16은 16진법으로 C4가 되고 2진법으로는 1100 0001이 된다.

16진법을 컴퓨터 분야에서 사용하는 주된 이유는 이진법 표기의 4자리와 16진법 한 자리를 일대일로 대응시킬 수 있어 2진수를 대신할 수 있기 때문이다.

1Byte는 8Bit, 즉 2진수 8자리이므로 16진수 두 자리로 표현할 수 있기 때문이다. 많은 정보, 큰 숫자를 2진법으로 사용하면 길어지기 때문에 16진법으로 표기해 축약할 수 있다는 큰 장점이 있다.

전송 우선순위(Priority)

0과 1로 디지털화 비트정보들을 하나의 CAN 데이터 전송시스템으로 전송하거나 받을 때에는 정보 내에 우선순위를 정해둔다. 디지털화 된 비트정보 전송의 우선순위는 "0"이 "1"에 앞선다. 통상 자동차에서 높은 값의 비트 "0"의 전압수준은 0[V], "1"은 5[V]이다.

아래 도표와 같이 브레이크는 엔진보다 안전을 고려해 우선적으로 정보가 전달되고 엔진정보는 트랜스미션정보보다 먼저 전달되도록 정한다.

[표 3.3] 정보의 우선순위

	우선순위			식별자주소							
브레이크	0	0	1	1	0	1	0	0	0	0	0
엔진	0	1	0	1	0	0	0	1	0	0	0
트랜스미션	1	0	0	0	1	0	0	0	1	0	0

이를 엔진과 트랜스미션의 우선순위 관계를 회로도에서 보면 다음과 같다.

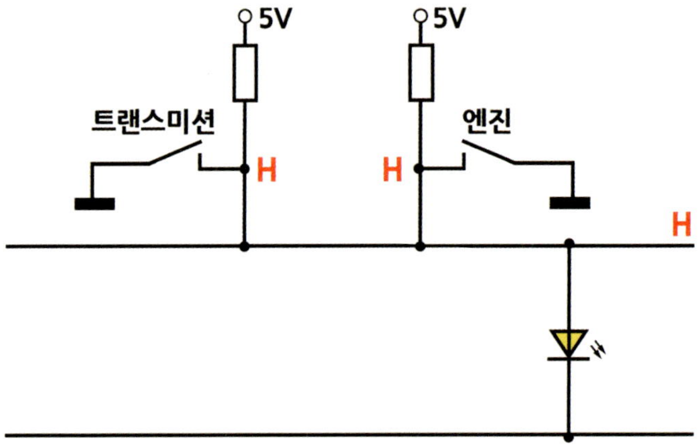

[그림 3.21] 엔진과 트랜스미션이 CAN-H 라인 상태

엔진과 트랜스미션스위치가 열렸을 때는 H값, 즉 엔진과 트랜스미션은 CAN BUS라인에서 높은 값을 갖는다. 따라서 엔진과 트랜스미션은 전송 우위가 없이 대등한 순위이다.

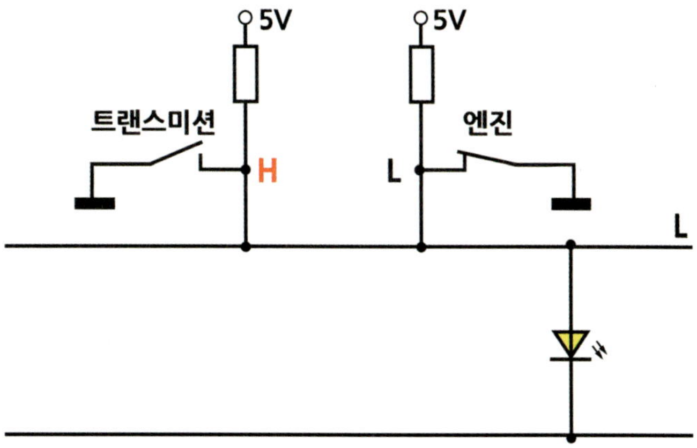

[그림 3.22] 엔진이 CAN-L, 즉 엔진 스위치가 연결된 상태 "1"

엔진스위치가 연결되면 5V가 되어 낮은 값(L)을 갖게 되어 CAN BUS라인에서 높은 값을 갖는 트랜스미션보다 엔진이 전송 우선순위에 있게 된다.

CAN BUS 라인에서 하나의 Bit가 높은 값, 즉 우위를 나타낼 때의 전압은 0[V]이거나 낮은 전압이고(Low) 낮은 값을 나타낼 때의 전압은 5[V]이거나 높은 전압(High)이다.

캔버스 데이터 전송 시스템과 프로토콜

캔버스의 전송 시스템

일반적으로 우리가 알고 있는 일반 컴퓨터에서는 병렬 전송시스템이고 자동차의 캔통신은 직렬전송시스템이다.

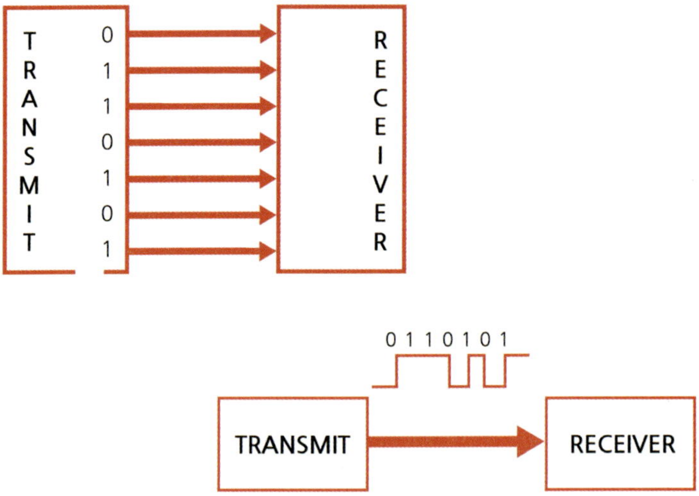

[그림 3.23] 병렬 전송시스템과 직렬 전송시스템의 비교

송신자로부터 수신자에게 8비트가 동시에 전송되는 병렬 전송시스템은 높은 전송속도를 자랑하지만 동시에 8개의 연결 케이블이 필요하게 되어 비싸다는 단점이 있다.

직렬 인터페이스는 주로 컨트롤러 간의 디지털 통신을 위한 인터페이스다. 전송할 데이터는 하나의 케이블에서 순차적으로(직렬) 전송되기 때문에 단선의 전송케이블로 인한 비용절감이 장점이지만 데이터전송이 느리다는 단점이 있다.

캔버스(CAN-BUS) 데이터 전송의 기본 작동원리는 다음과 같다.

[그림 3.24] 캔버스의 데이터 전송 방식

서로 다른 데이터들의 통신을 단 하나의 선을 이용해 순차적으로 전달하는 방식이다.

이러한 방식은 통신 분야에 일반적인 다중화기술(Multiplex Technic)을 응용한 방식으로 보통 다수의 저수준의 채널들을 하나의 고수준의 채널로 통합하는 과정을 말한다. 서로 다른 데이터들을 아주 짧은 시간 내에 순차적으로 송신하며 역다중화(Demultiplex, inverse multipleing, demultiplexing, demuxing) 과정을 통해 원래의 채널 정보들을 추출할 수 있다. 전기통신분야에서 다중화의 기존적인 형태는 시간분할방식(TDM : time-division multiplexing)과 주파수분할 방식(FDM : frequency-division multiplexing)이 있고 광통신에서는 파장분할방식(WDM : wavelength-division multiplexing) 등이 있다.

자동차에서는 구리가 들어가는 연결 케이블의 길이와 무게도 중요하지만 가격도 중요한 요소가 되기 때문에 단선의 직렬 전송 버스 시스템을 선택한다. 캔버스를 적용함으로써 자동차에서 케이블 길이와 무게를 최소화할 수 있다.

일반적으로 캔버스 메시지의 암호화에는 8비트(Bit)로 표시된다. 1바이트(Byte)는 8비트이며 256개의 다른 문자로 나타낼 수 있다. 1[MB](Megabyte)는 1024[kB](Kilobyte), 1[GB](Gigabyte)는 1024[MB]이다. 메시지의 개별 바이트가 송신자에서 수신자로 전송되는 방법에 따라 병렬 전송과 직렬 전송이 구별된다.

버스컨트롤러는 버스를 통한 데이터 송수신을 조정하므로 중앙처리장치인 CPU가 굳이 필요하지 않게 된다. 호스트컴퓨터(메인컴퓨터) 없이도 공통 버스라인을 통한 데이터 교환이 가능하다. 단, 예기치 않은 장애나 간섭으로 인한 혼란이 제어할 수 없는 상태로 끝나지 않도록 특정 통신 및 데이터 프로토콜 규칙을 준수하는 것이 필수적이다.

CAN은 케이블 내에서의 간섭이나 장애를 최소화하기 위해 NRZ(non-return-to-zero 비제로 복귀) 기록방식을 사용한다. 비제로 복귀 기록은 디지털 인코딩의 한 형태이며, 어떠한 신호를 물리 계층에서 전송할 때 사용하는 방법으로 '1'과 '0'의 2진수 각각을 양(+)의 전압값과 음(-)의 전압값으로 변환한다.

CAN 버스에 연결되는 각 부품 모듈(대개 IC가 집적된 센서나 엑추에이터 같은 부품)들의 컨트롤 유닛(ECU)은 소위 버스선과 직접 연결되어 있고 캔 컨트롤러(BUS Controller)와 캔 트랜시버(Transceiver 송수신기)도 함께 구성되어 있다.

CAN Controller

캔 컨트롤러는 컨트롤 유닛에서 전송할 데이터를 가져오고 또 그 데이터를 준비해 트랜시버(송수신기)로 전달하는 역할을 담당한다. 물론 그 반대 방향인 CAN 트랜시버에서 데이터를 받아서 컨트롤 유닛(ECU)으로 전달하는 역할도 한다.

컨트롤 유닛에서 받은 데이터는 컨트롤러에서 고주파 전압(약 200[Hz])으로 변환되어 작은 DC 전압(예 : 5[V])으로 변조돼 캔 트랜시버로 전달된다.

CAN Transceiver

CAN 트랜시버는 컨트롤유닛과 데이터버스를 연결하는 링크이자 동시에 송신기이면서 수신기 역할을 한다. CAN 컨트롤러가 받은 혹은 수신한 데이터들을 변환하여 데이터 버스라인으로 전송해주거나 CAN 컨트롤러로 송신한다.

버스 종료

데이터 버스 종료는 전송된 데이터가 "반향(echo)"으로 돌아가거나 데이터를 손상시키는 것을 방지해주는 저항이다. 이 저항은 주로 120[Ω]이 사용되며 이를 이용해 버스 전송에 대한 진단이 가능해지고 또 소위 말하는 원치 않는 피드백을 방지할 수 있다는 장점이 있다.

데이터 버스

데이터 버스 전송 라인은 CAN-High (1) 및 CAN-Low (0) 두 개다. 두 라인 모두에서 각각의 전압은 반대이다. 한 라인의 전압이 5[V]이면 다른 전압은 0[V]이고 반대의 경우도 마찬가지이다. 그 결과 전압의 합은 항상 일정하고, 2개의 데이터 버스 라인의 전자기장 영향은 서로 상쇄된다.

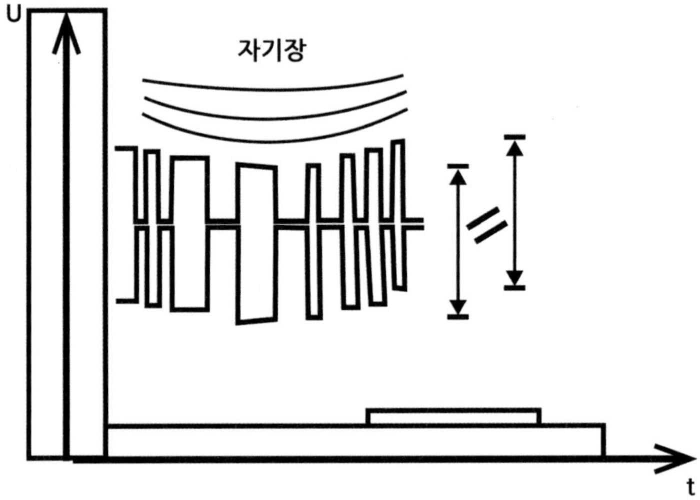

[그림 3.25] 디퍼렌셜 데이터 전송(Differential Data Transmission)

캔버스의 파형은 반드시 CAN-H과 CAN-L 두 개의 서로 반향된 신호로 이루어진다. 자기장 같은 외부의 장애가 발생하더라도 이때 두 신호의 차이, 즉 CAN-H과 CAN-L의 전압의 차이는 항상 같다. 즉 외부 자기장이나 장애로 인해 전압의 차이가 발생하는 것을 차단해야 하기 때문인데 이렇게 외부 자기장간섭에 안정적으로 전송되는 캔전송 방식을 디퍼렌셜 데이터 전송이라고 한다.

LIN BUS 데이터전송은 기본적으로 하나의 단일 케이블만 필요하다. 그러나 이러한 단선 버스는 상대적으로 낮은 전송 속도만을 허용하는 단점이 있기 때문에 단선 버스에 연결된 모든 스테이션에는 접지가 있어야 한다. 따라서 단일 와이어 버스는 외부 전기 노이즈에 보다 민감하다.

따라서 LIN 버스에는 하나의 데이터라인만 연결되어 있기 때문에 CAN버스가 도입된 이후의 모델에서는 주로 서브(Sub) 버스(예 : 에어컨 또는 와이퍼 등 전자 제품)로만 사용된다.

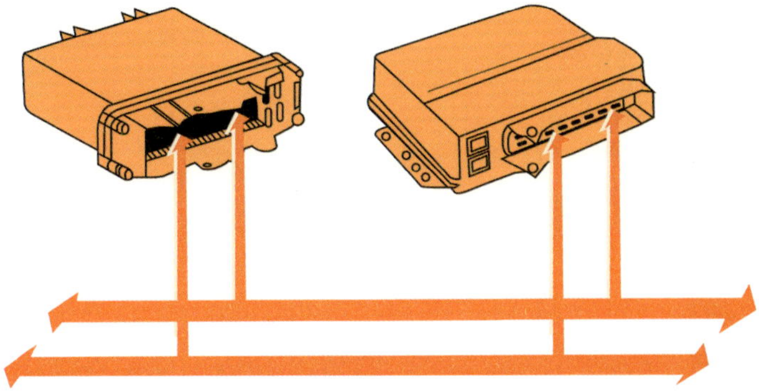

[그림 3.26]

캔버스 데이터 전송시스템에 대한 요약 설명

- 전송을 위해 컨트롤러가 데이터를 CAN 컨트롤러에 제공.
- 송신 CAN 트랜시버는 CAN 컨트롤러로부터 데이터를 수신하여 전기 신호로 변환하여 전송.
- 전송 CAN 케이블에서 전압 신호는 연결된 모든 ECU로 전송.
- 수신 CAN 데이터 버스로 네트워크화 된 다른 모든 ECU가 수신.
- 체크(Check) 컨트롤러는 수신한 데이터가 해당 기능에 필요한지 여부를 확인.
- 데이터가 중요하다면 이 데이터는 인계받아 처리되고 그렇지 않으면 무시.

데이터 프로토콜 혹은 데이터 텔레그램

CAN 데이터 버스는 각 구성 부품들 ECU 사이에 짧은 간격으로 전송되는데 데이터 텔레그램 혹은 데이터 프로토콜이라고 한다. 데이터 프로토콜은 많은 수의 정보전달, 즉 비트(Bit)로 구성되어 있다. 정보전달이 연속 8비트인 경우 256의 서로 다른 정보를 전달할 수 있고 캔버스에서는 대략 130비트에서 150비트의 정보를 전달할 수 있다.

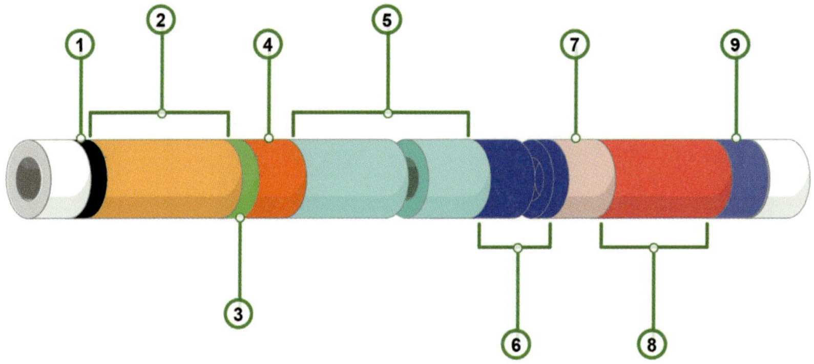

번호 / 필드 이름 / 설명

① 시작 필드, 메시지의 시작을 나타낸다.

② 상태 필드, 데이터 유형 및 우선순위를 지정한다. 두 개 이상의 컨트롤러가 동시에 데이터 프로토콜을 보내는 경우 우선 순위가 더 높은 상태를 나타내 순차적으로 보낼 수 있도록 한다.

③ RTR 데이터가 요청되었는지 또는 전송되었는지를 나타낸다.

④ 제어 필드, 데이터 필드에 대한 정보의 송신상태와 수신여부를 확인한다.

⑤ 데이터 필드 ECU가 다른 ECU들에게 보내는 정보가 들어 있다.(예 : 브레이크 ECU에서 엔진 ECU나 트랜스미션 ECU로 보내거나 받는 정보들)

⑥ 퓨즈 필드 : 전송 오류를 감지하는 데 사용한다. 오류가 감지되면 즉시 송신기에 알리게 되고 그러면 송신기는 송신을 반복한다.

⑦ 확인 필드 : 데이터의 전송이 제대로 수신되었음을 확인한다.

⑧ End 필드 : 메시지의 끝을 나타낸다.

⑨ 유휴 상태 : CAN 버스에서 다음 메시지까지의 유휴 상태를 나타낸다.

[그림 3.27] CAN 데이터 프로토콜의 구조

캔버스 통신 오류

CAN 네트워크에서 오류

CAN통신에도 오류는 발생한다. 다행히 CAN 프로토콜은 오류 자체를 감지하고 신호를 보낼 수 있다. 오류를 감지하기 위한 CAN 프로토콜은 몇 가지의 메시지 레벨 메커니즘으로 구별된다.

그중에서도 대표적인 것은 다음과 같다.

1. CRC (Cyclic Redundancy Check)

CRC는 전송 측에 여분의 체크 비트를 추가하여 프레임의 정보를 저장한다. 이들 체크 비트는 수신된 비트로부터 재계산되고 수신된 체크 비트와 비교된다. 불일치가 있으면 CRC 오류가 발생한다.

2. 프레임 체크

이 메커니즘은 전송된 프레임의 구조를 검사한다. 프레임 체크에서 감지한 오류를 형식 오류라고도 한다.

3. ACK(Acknowledge) 오류

모든 데이터수신은 수신기의 응답에 의해 확인된다. 즉 전달된 파형의 마지막 비트의 파형에 덮어쓰기 됨으로써 다른 파형들보다 솟아오르거나 부풀어 올라 보이는데 이는 모든 정보 전달 프레임이 잘 전달되었다고 확인해주는 신호인 것이다.

송신기에서 전송된 확인 응답이 수신기에 검출되지 않으면 ACK 오류가 된다.

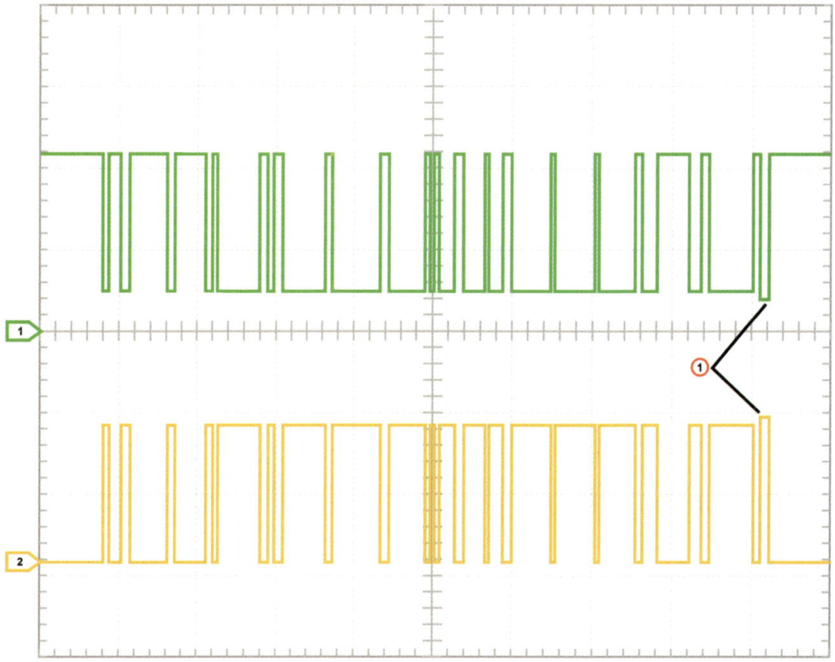

[그림 3.28] CAN 데이터에서 ACK 파형

채널1과 채널2에서 서로 대칭으로 똑같이 Acknowledge 파형이 살짝 솟아 오른 것이 보이면 데이터는 정상적으로 전달이 완료된 것이다.

오실로스코프에 나타나는 대표적인 ACK오류 파형은 다음 그림과 같다.

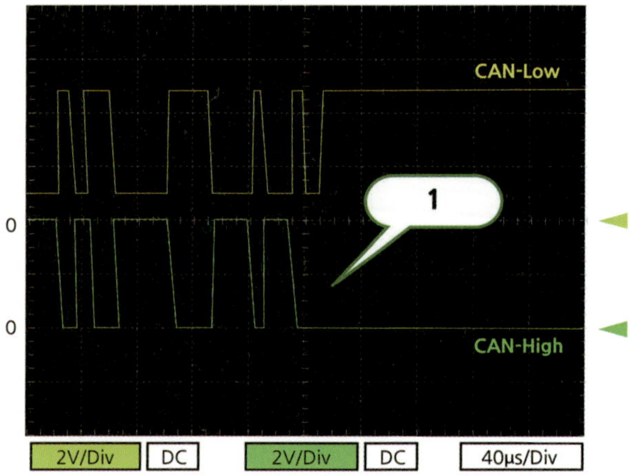

[그림 3.29] ACK 오류 파형

그림에서 저속캔버스의 CAN-L라인은 마지막 ACK정보가 제대로 전달되었음이 확인되었지만 CAN-H 라인은 1이 가리키는 것처럼 마지막 확인 정보가 전달되지 않은 오류 상태임을 보여준다.

4. 스터프 오류(Stuff Error)

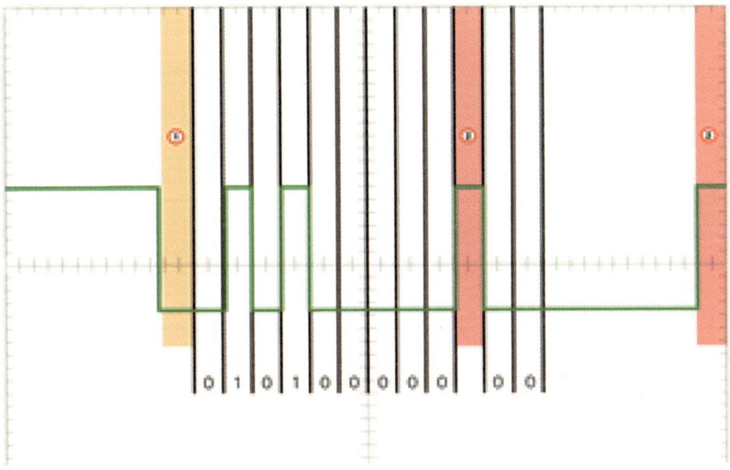

[그림 3.30] 스터프 오류의 전형

위 그림에서 보는 바와 같이 디지털 직각 파형은 디지털 이진법 0과 1의 비트로 이루어지는데 5자리 이상 연속으로 0이나 1의 상태로 같은 비트가 반복되면 오류로 판독된다. 이를 스터프 오류 혹은 스톱오류라고 한다. 이 오류를 방지하기 위해 중간에 다른 신호, 즉 스터프 비트를 강제로 넣어준다.

Chapter 4

자동차 진단의 기초와 OBD 시스템

- 자동차 진단 시스템
- 모던 진단학의 기초
- 비특이성 오류와 정적오류
- 진단 인터페이스와 게이트웨이
- OBD 2 시스템
- 회로도 해석

자동차 진단 시스템

1990년과 2010년에 출시된 자동차를 비교했을 때 자동차 내의 전자 제품 비용의 비율은 16%에서 40% 이상으로 증가했다. 90년대 초반 스포츠 자동차모델에서는 진단이 가능한 ECU의 수는 6개 정도에 불과했지만 2010년형 모델을 기반으로 제작된 자동차에는 최소한 58개 이상의 진단 가능한 ECU가 내장되어 있다. 현재는 ECU가 120개가 넘는 자동차모델도 있다.

최근에 출시된 일반 대형 승용차의 경우 약 1억 개 라인의 소스 코드 중 진단과 관련된 소스는 대략 35% 이상이다. 앞으로도 계속 자동차에서 고장 및 오류 진단시스템은 더욱 늘어날 전망이다.

자동차고장 및 오류진단에는 두 가지 방식이 있다. 차량의 외부(Off Board Diagnosis)에서 진단하는 방식과 차량 내부(On Board Diagnosis)에서 진단하는 방식이다.

외부 진단시스템은 육안을 포함한 차량 외부에서 접근하는 모든 내용, 정보 및 도구를 포함한다. 현장에서는 주로 작업장 테스터, 스캐너, 오실로스코프 또는 테스트 장비와 같은 각종 전기전자 측정도구들이 이에 해당한다.

내부 진단방식은 OBD(On Board Diagnosis : 자가진단) 시스템으로 1988년에 미국 캘리포니아의 대기자원국(CARB : California Air Resource Board)에 의해 처음 도입되었다. 새 차일 때는 규제치 이하의 유해가스를 배출하던 자동차도 운행을 거듭하면서 배기가스 저감장치나 관련 DPF 필터의 마모 및 고장으로 인해 성능이 저하되어 더 많은 배기가스를 배출한다. 따라서 배기가스 배출상태를 항상 모니터링하기 위해 자체 진단시스템과 경고시스템을 의무적으로 장착한 것이 OBD의 시초였다.

처음 도입됐던 OBD-I 표준에는 자체 모니터링을 위한 전자진단 시스템과 경고등(MIL : Malfunction Indicator Lamp 또는 Check Engine Lamp)을 통해 배기가스 관련 시스템의 오류를 알리고 온보드 리소스(플래시 코드)메모리에 저장하는 기능은 있었지만 고장이나 이상이 발생했을 경우 결과만 알려줄 뿐 온보드에서 프로세스과정에 대한 진단 기능은 없었다.

따라서 더 포괄적인 기능의 OBD-II가 1994년 미국 시장에 처음 선보였고 1998년에는 유럽 시장, 그리고 2008년에는 한국시장에까지 등장했다. OBD-II를 프로토콜(K-라인) 또는 CAN 버스를 통한 직렬 인터페이스에 표준화된 커넥터로 연결함으로써 기존 배기가스에 영향을 줄 수 있는 모든 부품들과 그 프로세스 전체를 실시간으로 모니터링 할 수 있게 되었다. 또한 에어백과 같은 수동적 안전도분야 및 적극적 안전도분야 그리고 엔진과 미션 등을 비롯한 차량의 거의 모든 진단과 유지, 관리, 정보 등에 대한 영역도 OBD에 통합 추가되었다.

예를 들면 온보드 진단 시스템이 장착된 차량에서는 크랭크 샤프트에 강자성 톱니기어(자석)가 장착되어 있다. 이 자석 톱니기어가 회전하는 것을 전자기 유도현상을 이용하는 유도형센서로 측정하여 내연기관의 오작동이나 오류를 실시간으로 모니터링하면서 진단할 수 있게 되었다. 이에 대한 대표적인 센서가 바로 엔진 회전수센서와 캠샤프트(캠축)센서이다.

만약 실린더에서 실화(misfiring)가 발생해 엔진 회전수가 고르지 못하면 크랭크축의 엔진 회전수 센서나 캠축센서가 이를 감지해 중앙 제어장치(ECU)로 보낸다. 제어장치는 엔진의 하드웨어와 소프트웨어는 물론 삼원 촉매장치나 매연필터, 질소산화물 저감장치 등의 작동에 일정범위 이상의 저해가 생기거나 훼손될 경우 엔진경고등(MIL)를 켜서 알려준다.

엔진의 정상 작동 여부에 따라 배기가스의 질과 양이 크게 달라지기 때문에 엔진이 작동되는 동안 관련된 모든 배기가스 저감장치에 대한 모니터링과 합당한 처치가 필요하다. 이것이 바로 온보드 진단 시스템이 도입된 이유이며, 최종 목적은 미세먼지와 유독가스 및 매연 등에 의한 공기오염을 최대한 막고 대기의 질을 개선하는데 있다.

최근에는 다양한 OBD 일반 범용 진단기기(Universal Scan Tool)들이 개발되었다. 동글(Dongle) 등을 통해 디지털 그물망 접속으로 OBD 진단 및 처치방법들이 소개되면서 다양한 인터넷 진단(온라인 자동차 정비진단) 혹은 클라우드 진단 그리고 증강현실(AR : Augumented Reality)이나 비주얼리얼리티(VR : Visual Rality)를 이용한 최신 3D 애니매이션 진단시스템들이 선보이고 있다. 자동차 진단과 튜닝분야에 획기적인 전환점을 맞이하고 있는 것이다.

[그림 4.1] 증강현실을 이용한 진단

하지만 진단을 위한 차량의 정보유출로 인해 불법 해킹과 각종 불법튜닝 그리고 도난 및 사고 문제 등이 발생할 수 있는 만큼 부작용도 심각하다. 따라서 이에 대응할 수 있거나 미연에 방지할 수 있는 다양한 대책들과 사회적 법적 제도의 마련이 시급하다.

또한 현재 미국을 비롯한 선진국에는 이미 OBD-III가 개발되어 있다. OBD-II의 기능에 관련된 고장 및 오류정보와 차대고유번호(VIN)를 각종 디지털화된 네트워크를 통해 운전자와 정비공장 그리고 해당 관청에 자동으로 알리고 정해진 기간 내에 수리여부를 자동으로 강제 관리한다는 것이 핵심이다.

이렇게 되면 자동차 정기검사나 배기가스검사가 굳이 필요하지 않게 됨으로써 효율적으로 자동차를 정비 관리할 수 있고 비용면에서도 효과를 보게 되는 장점이 있다. 반면 개인정보처리 유출문제와 해킹문제가 항상 도사리고 있기 때문에 이에 대비한 완벽한 해킹방지 및 제도적, 법적 인프라구축이 우선되어야 한다.

경고등(MIL)은 일시적인 오작동이 발생했을 경우에는 자동으로 시동, 주행, 주차 때 3번 이상 켜진 후 다시 꺼지게 되어 있다. 그러나 컨트롤 유닛(ECU)의 저장된 오작동 혹은 고장 메모리는 수리 후 해당 진단기로 접속한 다음 지우지 않는 한 무조건 40번의 정상 워밍업 사이클 후에 자동으로 다시 지워진다.

OBD-II 커넥터를 통해 읽을 수 있는 매개 변수와 값은 전 세계 모든 차량에서 거의 동일하지만 전송 프로토콜은 제조사마다 다르다. 예를 들면 제너럴모터스의 차량 및 경트럭의 경우엔 SAE J1850 VPW(Variable Pulse Width Modulation : 가변 펄스 폭 변조), 크라이슬러 차량 및 모든 유럽과 아시아 메이커의 차량인 경우엔 KWP(Key Word Protocol)와 ISO 9141을 사용하며 포드는 SAE J1850 PWM(Pulse Width Modulation)을 사용한다.

모던 진단학의 기초

자동차 진단을 위해 가장 중요한 첫 번째는 고객의 문진이다. 즉 증상에 대해 고객으로부터 듣는 것이다. 그리고 이어서 그러한 증상이 반복되는지를 직접 해당 증상에 대한 기능 검사를 통해 재확인 해보는 것이다.

두 번째로는 육안으로 관찰되는 자동차의 모든 현상과 증상들에 대해 기초적인 검사를 실행하는 것이다.

세 번째로는 다른 유사한 증상을 동반할 수 있는 시스템들과 관련 부품들의 기능들을 점검하는 일이다.

그런 다음 기능상실 여부 혹은 오류나 고장이 의심되는 모듈이나 부품에 대해 아래와 같은 순서로 진단을 실시한다.

가장 먼저 진단기 소켓 혹은 인터페이스를 찾아 진단기를 연결한 다음 DTC(Digital Trouble Code : 디지털 오류 코드)를 찾는다.

① 진단기에 나타나는 오류들과 해당 부품들의 매개변수(Parameter) 값과 실제값을 찾는다.
② 해당 모듈이나 부품의 전압 공급 여부를 확인한다.
③ 온도센서를 확인한다.
④ 엔진회전수를 확인한다.
⑤ 바퀴회전수도 점검한다.

모던 자동차 진단의 일반적인 진단 과정은 아래 도표와 같이 진행된다.

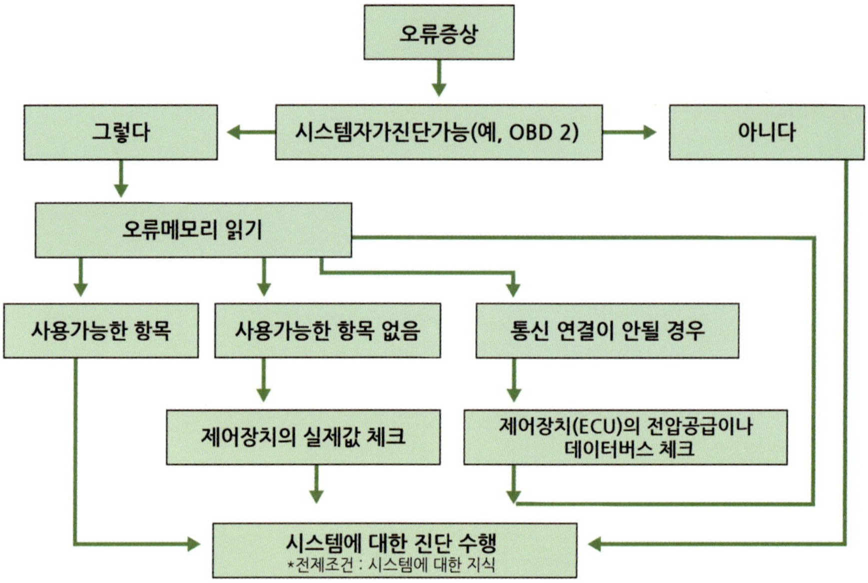

[그림 4.2] 모던 자동차의 일반적인 진단 과정

범용 진단기

애프터마켓에는 매우 다양한 범용 및 전용 진단기(scanner, Diagnisis-Tool)들이 나와 있지만 작동되는 기본 원리는 모두 같다.

자동차 내에 설치되어 있는 인터페이스를 통해 연결할 수 있는 진단기를 통하면 매우 빠르고 정확하게 진단을 할 수 있다는 장점이 있다. 하지만 부품이나 모듈시스템의 기본 구조와 회로도, 해당부품 모듈의 기본 파형 그리고 CAN 통신 시스템 등에 대한 기본 개념을 모르면 거의 무용지물이 될 수 있다. 따라서 진단을 제대로 하기 위해서는 부품이나 모듈에 대한 기본 전기전자 지식은 물론 멀티미터와 오실로스코프 등을 제대로 다룰 줄 알아야 한다는 것이 가장 기초적이면서 중요한 전제조건이다.

또 엔진제어관리와 배기가스 후처리시스템에 대한 기본적인 이해와 기본 정비점검에 대한 지식기반이 전제되어 있지 않으면 진단기를 제대로 다루기 어렵다.

범용(애프터마켓용) 전용 진단기를 통한 크랭크축위치센서 오류 점검의 예.

아래는 세계적으로 가장 보편화 된 독일 보쉬(Bosch)사 진단기로 폴크스바겐 모델 폴로(VW Polo) 1.4(해치백)의 크랭크축 위치센서를 진단한 경우이다.

[그림 4.3] 보쉬 범용 진단기

크랭크축 위치센서의 위치와 검사방법 및 정상 측정값 범위 등이 친절하게 나와 있어 전문가나 정비 기술자가 아니더라도 진단과 처치가 가능할 정도이다.

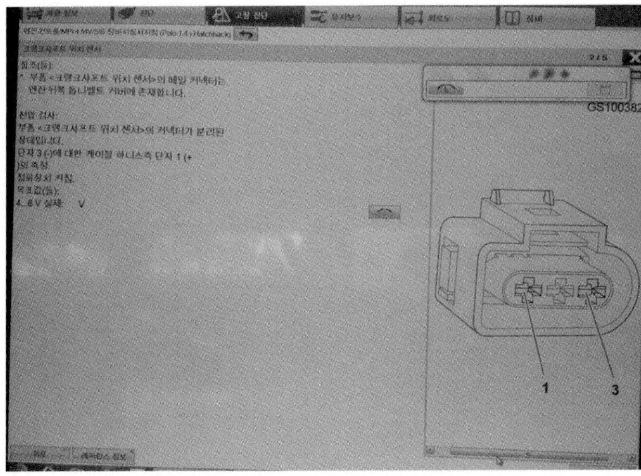

[그림 4.4] 보쉬 진단기에 내장된 폴로 정비지침 안내

부품이나 모듈위치는 물론 검사 방법과 오실로스코프 연결 및 권장값 혹은 실제값과 정상 파형(Signal)까지 진단기 모니터로 보여준다. 전기전자에 대한 기초지식 그리고 해당 부품들과 모듈시스템에 대한 개념들과 관련 회로도들을 확실히 이해하고 있다면 진단을 매우 빠르고 편리하게 할 수 있다.

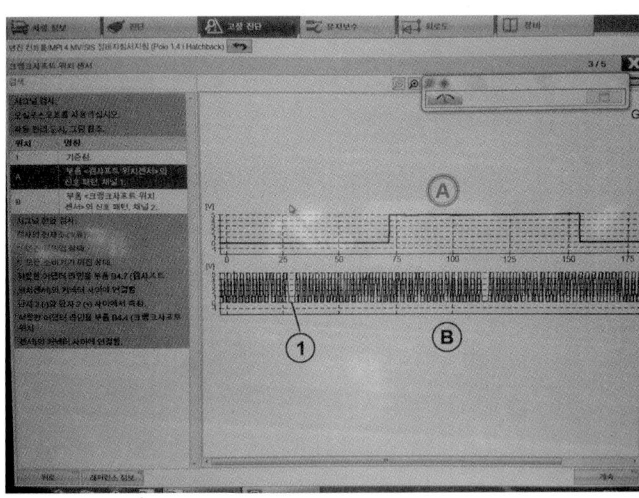

[그림 4.5] 진단기를 통한 전압 파형(시그널) 검사 방법

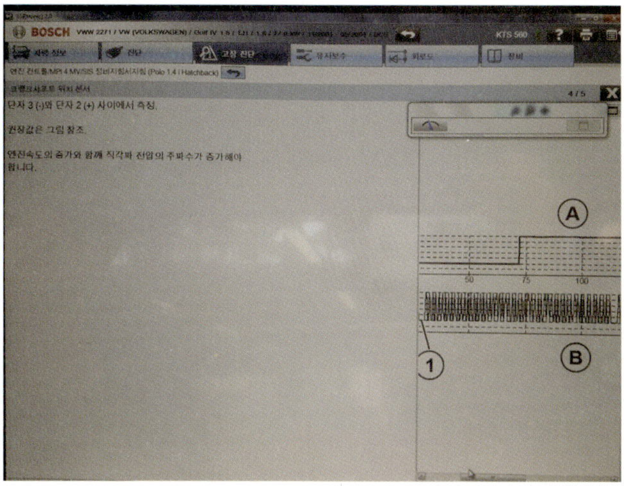

[그림 4.6] 측정 방법 안내

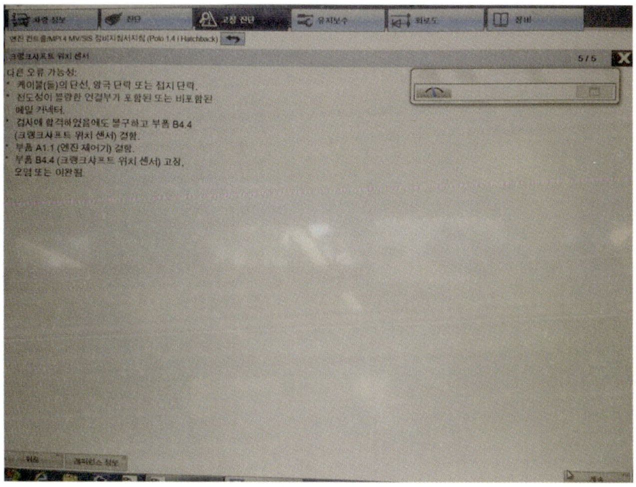

[그림 4.7] 다른 오류 가능성들

하지만 진단기가 너무 구체적으로 자세하게 알려주는 것은 오히려 전문가에게 단점으로 작용할 수도 있다. 범용이든 전용이든 진단기에 익숙해지면 그 편리함에 종속되어 숙련도나 기술능력이 떨어질 수 있고 의존도가 지나치다보면 머리를 쓰지 않는 전문가가 될 수 있기 때문이다. 따라서 진단기 매뉴얼에 나와 있지 않은 오류나 고장 혹은 돌발상황에 대해 능동적인 대처능력이 떨어지기 쉽다. 전문가로서 가장 경계해야 할 부분이다.

아직은 범용이나 전용진단기로 정확히 진단되지 않는 부분과 진단기로는 잡히지 않는 오류 및 고장이 많기 때문에 진정한 전문가라면 기존 진단기들을 유용하게 활용하되 너무 진단기에만 의존하지 않도록 하는 자세가 필요하다. 또한 재교육을 통해 신기술들을 끊임없이 학습하고 창의성과 숙련도 및 기술력을 스스로 높이려는 기본적인 자세가 매우 중요하다.

비특이성 오류와 정적오류

2000년대 이후 OBD-II 인터페이스가 있는 자동차 모델들은 대부분 차량 컨트롤 유닛, 즉 ECU 내에 오류 기록 즉, 오류메모리를 갖고 있다. 오류메모리는 차량에 발생한 결함 또는 기술 결함의 기록을 저장하고 있어서 이 메모리를 열어 보는 것은 진단을 위해 가장 먼저 수행해야 하는 기본적인 요소이다.

오류는 두 가지 종류로 나뉘어 저장되는데 지속적이고 정형적인 현상으로 나타나는 오류는 정적오류, 정상과 이상현상이 반복적으로 나타나는 증상의 오류는 산발적 오류로 구분된다.

하지만 한번 발생하는 이상현상이나 오류 증상은 다음 번 운전 사이클 혹은 일정 수의 운전 사이클이 바뀔 때, 즉 시동을 끄고 다시 출발할 때 대부분 지워지지만 지속적으로 나타나는 오류는 운전 사이클이 다시 시작될 때에도 오류가 반복되어 나타나기 때문에 지워지지 않는다. 자동차에서 운전 사이클이란 작동하는 엔진을 멈추고 시동키를 뺐다가 다시 시동키를 꽂고 엔진을 작동시키는 것을 말한다.

산발적인 오류현상을 정확하게 진단하는 것은 전형적인 암묵적 지식에 해당된다. 또한 해당 기술이 숙련되어 있지 않은 사람에게는 진단이 쉽지 않기 때문에 현장에서 오랜 경험을 한 숙련된 경험자와의 현장 공동 학습을 통해 배우는 것이 가장 중요하다. 또한 지속적으로 나타나는 정적오류는 언제나 일정한 운전 조건 하에서만 나타나기 때문에 정확한 상황과 조건 혹은 주변조건을 파악하는 것이 정확한 진단을 위해 무엇보다 중요하다. 즉 오류 경고등이 점멸할 때의 엔진의 회전수와 온도, 엔진부하정도, 기어상태 등등 면밀히 검토해서 진단해야 한다.

정적오류는 외부 전문 진단기를 통해 폴트메모리에서 지울 수 있다. 그러나 오류메모리에서 오류를 지울 때에는 반드시 오류의 원인이나 손상된 부품 교체 혹은 고장 및 수리를 하고 난 다음에 제거해야 한다.

진단 인터페이스, 게이트웨이(Gateway)

자동차 내의 모든 개별 버스 시스템은 각 데이터들을 모두 게이트웨이로 보내게 되어 있다. 이를 통해 교차되는 시스템 데이터는 서로 다른 통신 구조 및 속도를 갖지만 시스템 네트워크 전체에서 사용할 수 있다.

버스 시스템에 장애가 발생하거나 데이터가 전달되면 교란 방지 및 데이터 세트를 필터링하는 작업도 수행한다.

일부 차량에는 여러 개의 게이트웨이가 있다. 모델과 차종에 따라 계기판에 게이트웨이가 있는 것도 있다. 게이트웨이 진단 CAN은 진단 장치와 차량에 설치된 제어 장치 간의 데이터 교환에 사용된다.

90년대 진단에 사용되던 K-Line(진단기와 차량을 연결하는 양방향 정보전달 라인) 또는 L-Line(진단기와 차량간 단방향 라인)은 배기 관련 제어 장치를 제외하고는 적용할 수 없었다.

CAN 및 게이트웨이 자체를 통한 빠른 데이터 전송방식으로 바뀐 후부터 진단장비를 통해 차량에 설치된 거의 모든 센서 및 액추에이터의 구성 요소 및 오류 상태를 표시할 수 있게 되었다. 예를 들면, 폴크스바겐 모델들의 진단을 위한 CAN 라인은 단면적이 각각 0.35 mm^2인 비차폐 연선 케이블을 사용한다. 폴크스바겐 모델들의 CAN-H (하이 라인) 색상은 오렌지/퍼플 색상, CAN-L(로우 라인)은 오렌지/브라운이다.

해당 CAN-BUS선의 색은 제조사모델마다 해당 CAN BUS선의 색은 제각각 다르기 때문에 제조사의 모델과 차종에 따른 정비지침을 참고해야 할 필요가 있다.

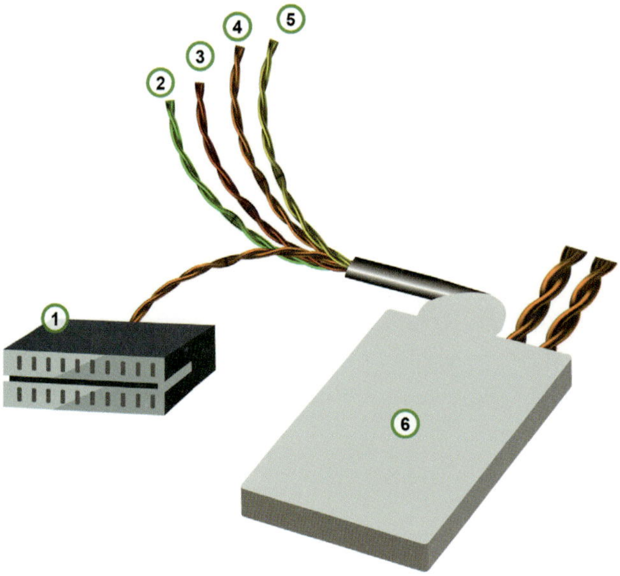

① CAN 진단 소켓 ② 콤비 캔(CAN Combi.)
③ 구동 캔(CAN High) ④ 바디캔(CAN Low)
⑤ 차간거리 유지 캔 ⑥ 진단 인터페이스(게이트웨이)

[그림 4.8] 인터페이스와 진단소켓

진단 소켓의 핀 구조(SAE 1962)

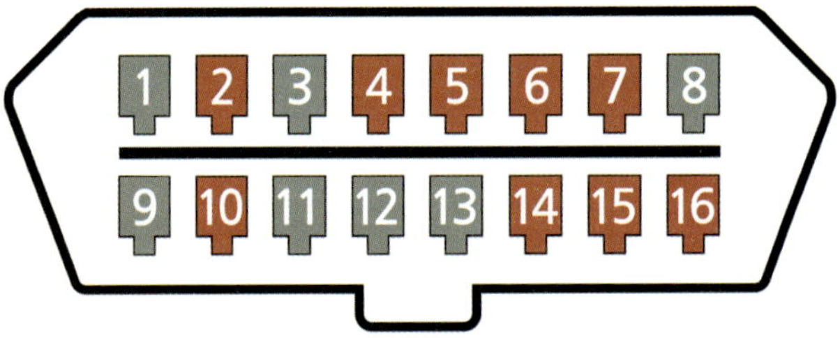

[그림 4.9] SAE 1962규정에 따른 진단 소켓의 핀 구조

[표 4.1] 차량의 진단 인터페이스(ISO 15031)

핀	해당사항	관련 표준
01	차량 제조업체 특정	-
02	J1850 plus (PWM / VPW)	SAE J1850
03	차량 제조업체 특정	-
04	접지	-
05	신호 접지	-
06	CAN-H (Speed High)	ISO 15765-4
07	K-라인(Line)	ISO 9141-2, ISO 14230-4
08	차량 제조업체 특정	-
09	차량 제조업체 특정	-
10	J1850 마이너스(PWM)	SAE J1850
11	차량 제조업체 특정	-
12	차량 제조업체 특정	-
13	차량 제조업체 특정	
14	CAN-H (Speed Low)	ISO 15765-4
15	L 라인	ISO 9141-2, ISO 14230-4
16	공급 전압	

OBD-II 시스템

차량용 온보드 진단시스템의 주요 기능을 요약하면 다음과 같다.

- 배출 관련 부품 및 배기가스 시스템을 항상 모니터링 해준다.
- 오작동과 관련부품들의 고장 유무를 기록한다.
- 이상이 감지될 경우 경고 램프(MIL)를 켜서 운전자에게 알려준다.
- 차량에 발생한 오류나 고장 및 관련 데이터를 서비스센터의 스캔 도구나 진단기로 전송해 준다.

국제 표준화기구인 ISO 및 미국 자동차 공학회인 SAE 단체는 자동차 통신 인터페이스에 대해 각각 ISO 15031 - Part 3 및 SAE J 1962라는 표준을 채택했다. 현장에서는 데이터 링크 커넥터를 나타내는 DLC라는 용어로 사용하기도 한다.

다양한 버스시스템 중 현재 가장 진단에 많이 사용되고 있는 버스시스템으로는 CAN버스 시스템과 CAN-SW (SAE J2411로 정의된 단선 CAN, 전송속도 33[kbps] 또는 83[kbps]에 5[V] 시그널시스템)이 있다.

그 외 모스트(MOST), 플렉스레이(FlexRay), 프로피버스(PROFIBUS) 같은 필드 버스 시스템은 아직 진단시스템에서 본격적으로 다루지 않고 있다. 아직 차량과 연결할 수 있는 인터페이스 기반이 일반화되어 있지 않게 때문인데 애프터마켓 범용 개발 여부에 따라 조만간 실현될 것으로 전망된다.

온보드 진단 시스템은 미국형과 유럽형(EOBD)으로 분류할 수 있다. 두 진단시스템에서 기본적인 기능의 차이는 없다. 온보드 진단시스템의 주요 진단장치는 다음과 같다.

- 산소(Lambda : 람다)센서
- 2차공기(secondary air)시스템 : 냉간 시동시 배기가스의 산화반응을 위한 공기
- 배기가스 정화 장치
- 배기가스 순환장치
- 배기가스 정화장치 히터
- 연료탱크 환기시스템
- 실린더 실화 감시, 엔진 감시 기능
- ECU 감시 시스템
- 연료공급 시스템
- 디젤엔진인 경우 예열 시스템
- 흡기 및 차저시스템

오류인식과 준비코드(Readiness Code) 오류 환경 조건(Freeze Frame)데이터

일반적으로 OBD 내에서 오류나 비정상적인 상태는 크게 아래와 같은 과정에서 인식된다.

- 시그널 혹은 파형의 이상(센서고장, 단락, 출력저하 등)
- 시그널 혹은 파형의 불안정성
- 오류의 체인효과 즉 어떤 센서고장으로 인해 관련된 부품도 오류 발생
- CAN버스를 통해 전달되는 오류 메시지

일반 범용 및 전문 진단기계나 스캐너 혹은 스캔툴(Scantool)로 진단할 경우 OBD의 준비코드(레디니스 코드)를 통해 오류를 읽어내거나 진단할 수 있다. 엔진 경고등이 들어오고 나서 일정거리 이상 주행하게 되면 오류는 자동으로 준비코드를 통해 저장된다. 저장된 오류는 반드시 해당 전문공장에서 제거를 해야만 한다.

오류의 저장

- 확인된 오류의 저장은 오류가 발생했을 당시의 주변 조건들에 대한 데이터들과 함께 저장된다. 이를 오류 **환경 데이터**(Freeze Frame)라고 한다.
- 1회성 오류는 저장되지 않는다. 즉 같은 조건에서 반복적으로 발생하지 않으면 저장되지 않는다.
- 배기가스관련 오류는 최우선 순위이기 때문에 항상 저장된다.
- 배기가스 관련 오류는 계속되는 운행에도 같은 오류가 반복되면 엔진경고등(MIL)이 켜지고 오류는 ECU에 저장된다.
- 배기가스 정화장치에 치명적인 오류가 발생하면 경고등이 깜박인다.
- 켜진 경고등은 3번의 정상주행 후에는 자동으로 꺼진다.
- 40회 이상의 정상주행 후에는 저장된 배기가스 오류도 ECU에서 자동으로 지워진다. 단 치명적인 배기가스 관련 오류는 80회 정상주행 후에 지워진다.

레디니스(Readyness-Code)코드

OBD는 운전 또는 주행 상태에 따라 차량의 모든 배기 관련 부품을 항상 모니터링 할 수 있는 것은 아니다. 따라서 12자리 수의 이진 코드(Binary code)로 구성된 레디니스코드라는 전자 소프트웨어가 모든 OBD 차량에 장착되어 있다. 레디니스 코드의 이진코드에서 “0”은 모듈이 검사되거나 설치되지 않았음을 나타내며 “1”은 검사할 수 있는 모듈이 설치되어 있거나 준비되어 있는 경우를 나타낸다.

가솔린 엔진의 레디니스 코드는 실화 검출, 연료 시스템, 촉매 변환기, 촉매 히터, 탱크 환기 시스템, 2차 공기 시스템(예를 들면, 흡기나 배기 매니폴드에 필요에 따라 추가로 유입시키거나 우회시키는 공기), 에어컨, 람다(Lambda) 공연비 혹은 산소 센서, 람다 센서 히터, 배기 가스 재순환장치 및 밸브 타이밍시스템과 같은 배기가스 관련 장비들의 오류 진단과 검사에 주로 사용된다.

디젤 엔진의 레디니스 코드는 실화 검출, 연료 시스템, 산화 촉매, NOx 배출 후 처리, 과급기 압력, 배기 가스 센서, 미립자 필터, 배기 가스 재순환장치 및 밸브 타이밍시스템 등과 연계되어 있다.

레디니스 코드는 적절한 진단 장치(범용 진단기 또는 전용 진단기)를 통해 판독될 수 있으며 배기가스와 관련된 차량의 모든 구성 요소가 OBD에서 검사되었는지 여부를 감지하는 데도 사용된다. 또한 오류 검출 테스트 절차가 수행되었는지 여부를 탐지하는 데도 레디니스 코드가 사용된다.

특히 레디니스 코드는 마지막 오류 메모리가 삭제된 이후 모든 개별 시스템에 대해 진단 결과가 사용 가능한지의 여부에 대한 표시를 제공한다. 따라서 테스트 레디니스 코드는 다음 도표와 같이 배기가스배출과 관련된 전자 시스템을 주로 다룬다.

ISO15031-6 표준에 따른 오류코드

오류코드의 첫 번째 위치는 알파벳문자로 표시된다.

1. 위치: P 파워트레인(Powertrain)
   B 바디(Body)
   C 새시(Chassis)
   U 버스시스템(Network)

2. 위치: 오류코드 그룹:
   0 제조사와 관련 없음
   1 제조사가 정한 혹은 관련된 사항

3. 위치: 구성그룹
   0 전체시스템
   1 2차 공기시스템/ 혼합기
   2 연료시스템
   3 점화장치/연소실화
   4 오염물질 방출(에미션) 감시를 위한 부가장치
   5 속도 및 공회전 조절

6 컴퓨터 입출력 파형 혹은 시그널
7 트랜스미션

4.+ 5. 위치: 추가적인 구성부품 모듈

예를 들면 나타난 오류 P030에서 P는 파워트레인, 즉 엔진을 나타내며 세 번째 실린더의 실화를 나타낸다.

OBD진단 시스템에서 엔진 시동과 더불어 항상 감시되는 부품 모듈은 실린더 실화를 포함하여 온도에 종속되어 작동되는 각종 부품 모듈들과 연료분사시스템 등이다. 이에 비해 항상 감시나 컨트롤이 작동되지 않는 부품 모듈들은 다음과 같다.

- 배기가스 정화 장치
- 정화장치 예열장치 혹은 히터
- 연료증발시스템
- 2차 공기 시스템
- 에어컨 시스템
- 산소센서(Lambda Sensor) 시스템
- 산소센서 히터
- 배기가스 재순환장치

일정한 조건 하에서 정상 작동되는 시스템이나 부품 모듈들은 온도, 회전수, 부하 정도 등 조건들이 충족되어 있을 경우에만 OBD 감시 및 테스트기능이 작동된다.

레디니스 코드는 표준 OBD-II 스캔 도구로 판독할 수 있으며 OBD에서 모든 차량의 배출 관련 구성 요소가 점검되었는지 여부를 감지하는 데 사용된다. 시스템에 오류가 있는지의 여부에 대한 정보는 제공하지 않는다. 레디니스 코드의 여부는 OBD가 있는 차량의 배기가스 검사의 일부이기도 하다.

오류코드를 제거하면 레디니스 코드가 자동으로 재설정되며 레디니스 테스트가 시행된다. 이는 소프트웨어 조작이나 변형을 방지하기 위한 것이다.

오류 환경 데이터(Freeze Frame)

오류 환경데이터는 오류와 함께 ECU에 저장된다.
기본적인 환경 데이터는,

- 엔진부하상태
- 엔진 회전수
- 냉각수온도

등이고 필요와 상황(혹은 옵션)에 따라 다음과 같은 부가적인 주변 정보들이 저장될 수 있다.

- 연료공급(조절기능 여부 관계없이) 상태
- 점화시기
- 실린더 흡입공기 온도
- 차량속도
- 흡입관(매니홀드) 압력
- 공기유입량
- 스로틀밸브 상태
- 2차 공기 시스템 상태
- OBD-오류 코드들
- 엔진 오일 온도
- 연료압력

오류 환경 데이터가 많을수록 엔진 진단 정확성과 신뢰도가 높아진다.

서비스 테스트모드

오류코드는 메이커의 전용진단기나 범용 진단기를 통해 읽어낼 수 있다. 일반적으로 진단기에서 읽어낼 수 있는 서비스 테스트모드는 다음과 같은 9가지가 있다.

모드 1: 자동차 진단데이터
모드 2: 고장이나 오류 발생시의 조건들인 온도, 엔진회전수, 부하상태 등 주변 환경 조건 (Freeze Frame Data)
모드 3: MIL 경고등이 켜지는 오류코드(이 오류는 항상 감시되는 코드)
모드 4: 배기가스와 관련된 오류와 환경데이터
모드 5: 산소센서(람다존데(Lambda Sonde) 감시
모드 6: 필요와 상황에 따른 감시(예를 들면 엔진 시동걸 때만 감시)
모드 7: 항상 감시하는 시스템 (비특이성 오류는 MIL경고등이 켜지지 않는다)
모드 8: 메이커가 정한 테스트기능
모드 9: 차량 고유번호(예를 들면 VIN 번호)

SAE J1979 PIDs – OBD-II 매개변수(Parameter)

아래는 OBD-II에 적용된 SAE J1979 표준이다. 이는 대개 진단기에 별도로 표시되지 않고 약자로 표기되기 때문에 약자가 의미하는 바가 무엇인지 알면 진단 앱의 개발과 차량의 정확한 진단에 도움이 된다.

MSDTC	Monitor Status since DTCs cleared
	DTC 이후 모니터 상태
DTCFRZF	DTC that caused required freeze frame data storage
	DTC환경조건
FUELSYS1	Fuel System 1 status
	연료시스템 1
FUELSYS2	Fuel System 2 status
	연료시스템2
LOAD_PCT	Calculated Load Value
	계산된 부하값
ECT	Coolant Temperature
	냉각수 온도
SHRTFT1	Short Term Fuel Trim - Bank 1
	단기 연료분사 트림-Bank 1
SHRTFT3	Short Term Fuel Trim - Bank 3
	단기 연료분사트림-Bank 3
LONGFT1	Long Term Fuel Trim - Bank 1
	롱타임 연료분사트림-Bank 1
LONGFT3	Long Term Fuel Trim - Bank 3
	롱타임 연료분사트림-Bank 3

SHRTFT2	Short Term Fuel Trim - Bank 2
	단기 연료분사트림-Bank 2
SHRTFT4	Short Term Fuel Trim - Bank 4
	단기 연료분사트림-Bank 4
LONGFT2	Long Term Fuel Trim - Bank 2
	롱타임 연료분사트림-Bank 2
LONGFT4	Long Term Fuel Trim - Bank 4
	롱타임 연료분사트림-Bank 4
FRP	Fuel Rail Pressure (gauge)
	연료압력
MAP	Intake Manifold Absolute Pressure
	흡입 매니홀드 공기압력
RPM	Engine RPM
	엔진 회전수
VSS	Vehicle Speed Sensor
	차량속도센서
SPARKADV	Ignition Timing Advance for #1 Cylinder
	실린더 1의 점화 각도
IAT	Intake Air Temperature
	흡입공기 온도
MAF	MAF Air Flow Rate
	공기유량
TP	Absolute Throttle Position
	스로틀 위치
AIR_STAT	Commanded Secondary Air Status
	2차공기시스템
O2S11	O_2 Sensor Bank 1 - Sensor 1 Voltage
	산소(O_2)센서 Bank 1 센서 1,볼트
SHRTFT11	O_2 Sensor Bank 1 Sensor 1 Shot Term Fuel Trim
	산소(O_2)센서Bank 1 센서1 단기 연료분사
O2S12	O_2 Sensor Bank 1 - Sensor 2 Voltage
	산소(O_2)센서 Bank 1 센서 2, 볼트
SHRTFT12	O_2 Sensor Bank 1 - Sensor 2 Short Term Fuel Trim
	O_2 센서 Bank 1 센서 2
O2S13	O_2 Sensor Bank 1 - Sensor 3 Voltage
	O_2 센서 Bank 1 센서 3, 볼트
SHRTFT13	O_2 Sensor Bank 1 - Sensor 3 Short Term Fuel Trim
	O_2 센서 Bank 1 센서3
O2S14	O_2 Sensor Bank 1 – Sensor 4 Voltage
	O_2 센서 Bank 1 센서 4, 볼트
SHRTFT14	O_2 Sensor Bank 1 - Sensor 4 Short Term Fuel Trim

	O_2 센서 Bank 1 센서 4
O2S21	O_2 Sensor Bank 2 - Sensor 1 Voltage
	O_2 센서 Bank 2 센서 1, 볼트
SHRTFT21	O_2 Sensor Bank 2 - Sensor 1 Short Term Fuel Trim
	O_2 센서 Bank 2 센서 1
O2S22	O_2 Sensor Bank 2 - Sensor 2 Voltage
	O_2 센서Bank 2 센서 2, 볼트
SHRTFT22	O_2 Sensor Bank 2 - Sensor 2 Short Term Fuel Trim
	O_2 센서 Bank 2 센서 2
O2S23	O_2 Sensor Bank 2 - Sensor 3 Voltage
	O_2 센서Bank 2 센서 3, 볼트
SHRTFT23	O_2 Sensor Bank 2 - Sensor 3 Short Term Fuel Trim
	O_2 센서 Bank 2 센서 3
O2S24	O_2 Sensor Bank 2 - Sensor 4 Voltage
	O_2 센서 Bank 2 센서 4, 볼트
SHRTFT24	O_2 Sensor Bank 2 - Sensor 4 Short Term Fuel Trim
	O_2 센서Bank 2 센서4
OBDSUP	OBD requirements to which vehicle is designed
	OBD 타입
PTO_STAT	Auxiliary Input Status, Power Take Off (PTO) Status
	보조 입력 상태, PTO (Power Take Off) 상태
RUNTM	Time Since Engine Start
	엔진 시동이후 시간
MIL_DIST	Distance Travelled while MIL is Activated
	MIL경고등이 켜진 이후의 주행거리
FRP	Fuel Rail Pressure relative to manifold vacuum
	흡기 매니 폴드 압력과 관련된 연료 압력
FRP	Fuel Rail Pressure
	연료압력
EQ_RAT11	O_2 Sensor (Wide Range) Bank 1 - Sensor 1 Equivalence Ratio
	O_2 센서(광범위) Bank 1- 센서 1 등가비율
OS211 O2	Sensor (Wide Range) Bank 1 - Sensor 1 Voltage
	센서(광범위) Bank 1 센서 1, 볼트
EQ_RAT12	O_2 Sensor (Wide Range) Bank 1 - Sensor 2 Equivalence Ratio
	O_2 센서(광범위) Bank 1 센서 2 등가비율
OS212 O2	Sensor (Wide Range) Bank 1 - Sensor 2 Voltage
	센서(광범위) Bank 1- 센서 2 볼트
EQ_RAT13	O_2 Sensor (Wide Range) Bank 1 - Sensor 3 Equivalence Ratio
	O_2 센서(광범위) Bank 1- 센서 3 등가 비율
OS213 O2	Sensor (Wide Range) Bank 1 - Sensor 3 Voltage
	센서(광범위) Bank 1- 센서 3 볼트

EQ_RAT14	O_2 Sensor (Wide Range) Bank 1 - Sensor 4 Equivalence Ratio
	O_2 센서(광범위) Bank 1- 센서 4
OS214 O2	Sensor (Wide Range) Bank 1 - Sensor 4 Voltage
	센서(광범위) Bank 1- 센서 4 볼트
EQ_RAT21	O_2 Sensor (Wide Range) Bank 2 - Sensor 1 Equivalence Ratio
	O_2 센서(광범위) Bank 2-센서 1 등가비율
OS221 O2	Sensor (Wide Range) Bank 2 - Sensor 1 Voltage
	센서(광범위) Bank 2-센서 1 볼트
EQ_RAT22	O_2 Sensor (Wide Range) Bank 2 - Sensor 2 Equivalence Ratio
	O_2 센서(광범위) Bank 2- 센서 등가비율
OS222 O2	Sensor (Wide Range) Bank 2 - Sensor 2 Voltage
	센서(광범위) Bank 2- 센서 2 볼트
EQ_RAT23	O_2 Sensor (Wide Range) Bank 2 - Sensor 3 Equivalence Ratio
	O_2 센서(광범위) Bank 2-센서 3 등가비율
OS223 O2	Sensor (Wide Range) Bank 2 - Sensor 3 Voltage
	센서(광범위) Bank 2 – 센서 3 볼트
EQ_RAT24	O_2 Sensor (Wide Range) Bank 2 - Sensor 4 Equivalence Ratio
	O_2 센서(광범위) Bank 2 -센서 4 등가비율
OS224 O2	Sensor (Wide Range) Bank 2 - Sensor 4 Voltage
	센서(광범위) Bank 2- 센서 4 볼트
EGR_PCT	Commanded EGR
	배기가스 재순환 장치 제어
EGR_ERR	EGR Error
	배기가스 재순환장치 오류
EVAP_PCT	Commanded Evaporative Purge
	연료탱크 환기제어
FLI	Fuel Level Input
	연료탱크의 연료 상태
WARM_UPS EN	Number of warm-ups since diagnostic trouble codes cleared
	마지막 오류제거 이후의 워밍업 사이클 숫자
CLR_DIST	Distance since diagnostic trouble codes cleared
	마지막 오류제거후 주행거리
EVAP_VP	Evaporative System Vapor Pressure
	증발시스템 증기압
BARO	Barometric Pressure
	주변 대기압
EQ_RAT11	O_2 Sensor (Wide Range) Bank 1 - Sensor 1 Equivalence Ratio
	O_2 센서 (광범위) Bank1- 센서 1 등가비율
OS211	O_2 Sensor (Wide Range) Bank 1 - Sensor 1 Current
	O_2 센서 (광범위) Bank 1- 센서 전류
EQ_RAT12	O_2 Sensor (Wide Range) Bank 1 - Sensor 2 Equivalence Ratio

	O_2 센서(광범위) Bank1- 센서2 등가비율
OS212	O_2 Sensor (Wide Range) Bank 1 - Sensor 2 Current
	O_2 센서(광범위) Bank 1- 센서 2 전류
EQ_RAT13	O_2 Sensor (Wide Range) Bank 1 - Sensor 3 Equivalence Ratio
	O_2 센서(광범위) Bank 1- 센서 3 등가비율
OS213	O_2 Sensor (Wide Range) Bank 1 - Sensor 3 Current
	O_2 센서(광범위) Bank 1- 센서 3 전류
EQ_RAT14	O_2 Sensor (Wide Range) Bank 1 - Sensor 4 Equivalence Ratio
	O_2 센서(광범위) Bank 1- 센서 4 등가비율
OS214	O_2 Sensor (Wide Range) Bank 1 - Sensor 4 Current
	O_2 센서(광범위) Bank 1 센서 4 전류
EQ_RAT21	O_2 Sensor (Wide Range) Bank 2 - Sensor 1 Equivalence Ratio
OS221	O_2 Sensor (Wide Range) Bank 2 - Sensor 1 Current
	O_2 센서(광범위) Bank 2- 센서 1 전류
EQ_RAT22	O_2 Sensor (Wide Range) Bank 2 - Sensor 2 Equivalence Ratio
	O_2 센서(광범위) Bank 2 – 센서 2 등가비율
OS222	O_2 Sensor (Wide Range) Bank 2 - Sensor 2 Current
	O_2 센서(광범위) Bank 2 – 센서 2 전류
EQ_RAT23	O_2 Sensor (Wide Range) Bank 2 - Sensor 3 Equivalence Ratio
	O_2 센서(광범위) Bank 2 – 센서 3 등가비율
OS223	O_2 Sensor (Wide Range) Bank 2 - Sensor 3 Current
	O_2 센서(광범위) Bank 2 – 센서 3 전류
EQ_RAT24	O_2 Sensor (Wide Range) Bank 2 - Sensor 4 Equivalence Ratio
	O_2 센서(광범위) Bank 2-센서 4 등가비율
OS224	O_2 Sensor (Wide Range) Bank 2 - Sensor 4 Current
	O_2 센서(광범위) Bank 2 – 센서 4 전류
CATEMP11	Catalyst Temperature Bank 1, Sensor 1
	배기가스 정화장치 온도센서 Bank1- 센서 1
CATEMP21	Catalyst Temperature Bank 2, Sensor 1
	배기가스 정화장치 온도센서 Bank2- 센서 1
CATEMP12	Catalyst Temperature Bank 1, Sensor 2
	배기가스정화장치 온도 Bank 1- 센서 2
CATEMP22	Catalyst Temperature Bank 2, Sensor 2
	배기가스 정화장치 온도 Bank 2- 센서 2
MSTDC	Monitor Status this driving cycle
	드라이브 상태의 모니터링
VPWR	Control module voltage
	컨트롤 모듈 볼트
LOAD_ABS	Absolute Load Value
	절대 부하값

EQ_RAT	Commanded Equivalence Ratio
	등가비율
TP_R	Relative Throttle Position
	스로틀 상대적 위치
ATT	Ambient air temperature
	주변 공기온도
TP_B	Absolute Throttle Position B
	스로틀 위치 B
TP_C	Absolute Throttle Position C
	스로틀 위치 C
APP_D	Accelerator Pedal Position D
	액셀 패달 위치 D
APP_E	Accelerator Pedal Position E
	액셀 패달 위치 E
APP_F	Accelerator Pedal Position F
	액셀 페달 위치 F
TAC_PCT	Commanded Throttle Actuator Control
	스로틀 액추에이터 콘트롤
MIL_TIME	Minutes run by the engine while MIL activated
	엔진 경고등MIL이 들어온 이후시간(분)
CLR_TIME	Minutes since diagnostic trouble codes cleared
	오류코드가 지워진 이후의 시간(분)

회로도 해석

각종 부품들 간에 통신망으로 연결되어 작동하는 모던자동차에서 진단기 혹은 스캔툴은 매우 보편화 되어있어서 이제 진단기 없이는 간단한 진단조차 어렵게 되었다. 설사 진단기가 있다 해도 문제가 있는 해당 부품이나 모듈의 회로도를 찾지 못하면 자동차 내에서 관련 부품이나 모듈을 찾기도 어렵고 문제 해결도 간단하지 않다. 더구나 해당부품들의 회로도는 제조사마다 정확한 회로도의 존재 유무에 대해 차이가 있어서 일반화하기도 어렵다. 하지만 최근 애프터마켓용 진단기에는 웬만한 관련 모듈이나 부품의 회로도가 들어있다.

전기전자부품의 회로도에서 표시되는 각종 부품회로 및 저항과 전압 등을 나타내는 기호는 아직 국제표준으로 정해진 것이 없고 유럽식이든 미국식이든 사용하는데 있어 큰 차이는 없다. 따라서 기본적인 회로도지식을 갖고 있으면 스스로 회로도를 인식하고 구별하는데 큰 어려움은 없다. 일반적으로 자동차 회로도에 사용되는 기호들은 다음과 같다.

[표 4.2] 저항 기호

	저항	일반적인 저항(consumer)
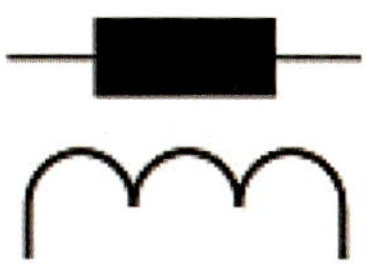	코일, 권선, 인덕턴스	위와 아래 2가지 기호 옵션이 가능 예 : 릴레이, 점화 코일, 라우드 스피커, 인젝터, 유도형 센서, 전동기
	LDR (Light dependent resistor)	광(빛) 의존형 저항
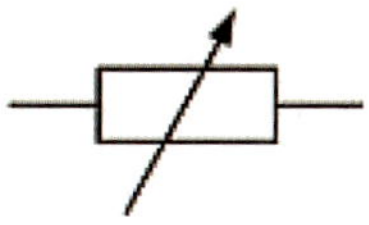	가변 저항	포텐시오미터나 스로틀에 주로 적용
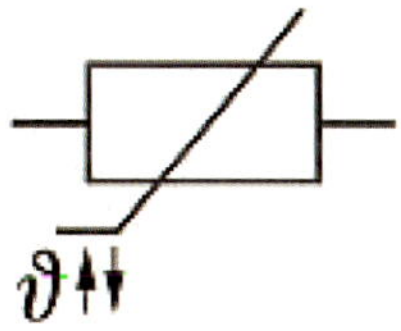	온도 의존성 저항	서미스터(thermistor), NTC 온도 센서로 사용
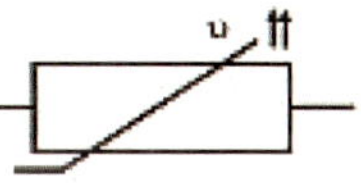	온도 의존성 저항	PTC 센서 혹은 히터로 주로 사용
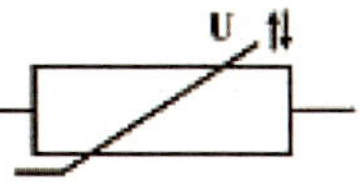	전압 의존성 저항	Varistor(가변 저항) VDR(Voltage Dependent Resistor) 전압 종속 저항 혹은 과전압 보호로 사용

[표 4.3] 센서 기호

기호	명칭	설명
	유도 회전수 속도 및 기준 마크센서 혹은 트랜스미터	위치 정보(OT: 상사점)가 있는 크랭크 샤프트의 회전속도 센서로 사용되는 유도형 센서
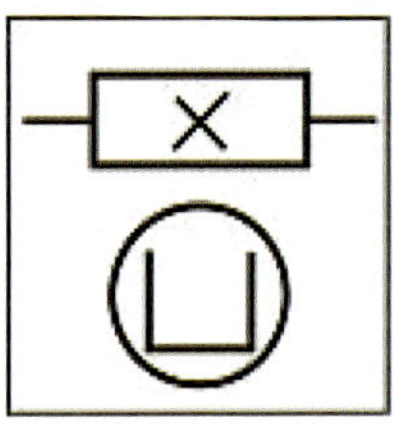	홀센서	홀효과로 작동되는 센서, 주로 피스톤상사점센서 혹은 ABS회전수 센서
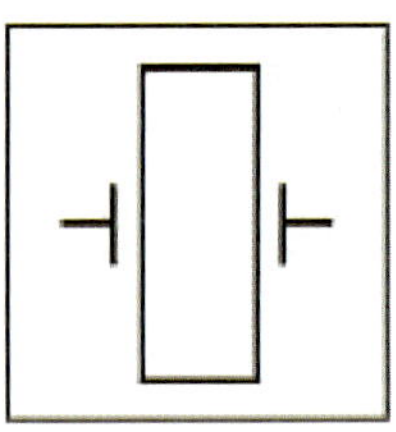	노킹센서	압전 센서, 힘에 의한 장력, 엔진 노크 감지
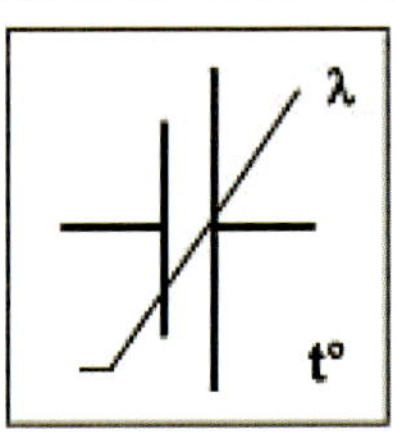	산소(람다)센서	산소 센서, 배기 가스의 잔류 산소 함량을 측정하고 제어 유닛에 전압 신호를 제공
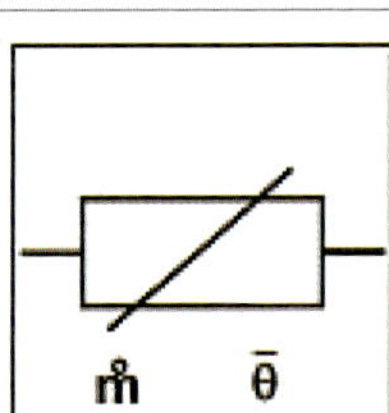	공기질량 센서	엔진 제어에서 주 제어 변수로 신호 로드

[표 4.4] Circuit 회로 기호

기호	명칭	설명
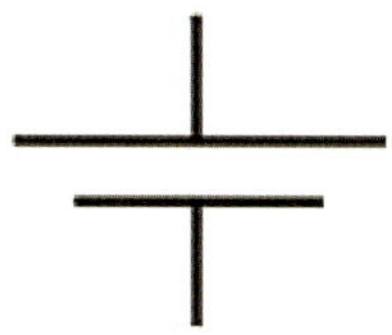	전압 소스	예를 들면 스타터 배터리
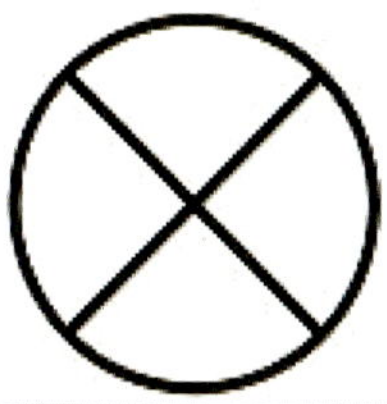	전구	주차등, 헤드 라이트 전구, 신호등, 경고 표시등
	스위치(차단)	작동될 때 연결. 작동 표시없는 스위치 상태
	스위치(연결)	작동될 때 차단. 작동표시 없는 스위치 상태
	퓨즈	
	커넥터	1핀 커넥터
	접지	차체(마이너스)접지
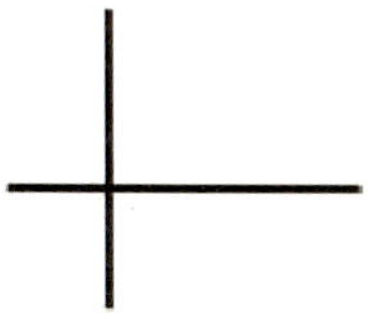	교차	서로 연결 없는 전선교차
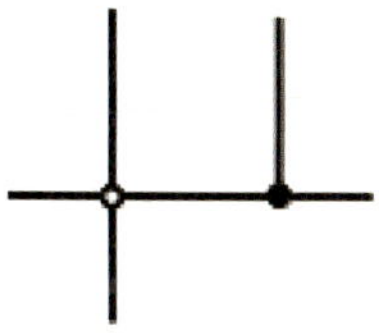	링크	왼쪽은 분리할 수있는 연결(플러그), 오른쪽은 영구 연결(납땜)
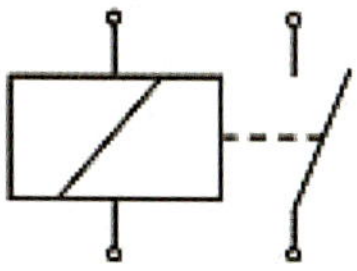	릴레이	작은 전류로 작동제어. 연료 펌프 또는 안개등

[표 4.5] 엑추에이터

기호	명칭	설명
	전기모터	예 : 팬 모터, 와이퍼 모터, 아이들 엑츄에이터, 시트 조정 등
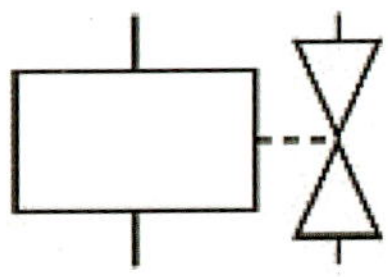	마그네틱(솔레노이드) 밸브	예 : 분사 밸브, EGR 밸브, ABS 솔레노이드 밸브

[표 4.6] 전자부품 기호

기호	명칭	설명
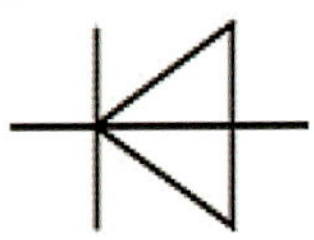	다이오드	현재 방향으로만 흐름. 예, 발전기
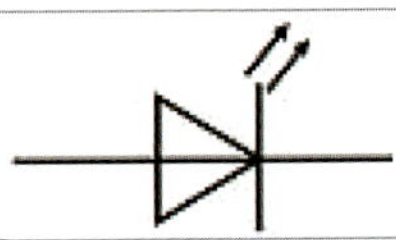	LED	LED(Ligt Emitting Diode), 발광 다이오드
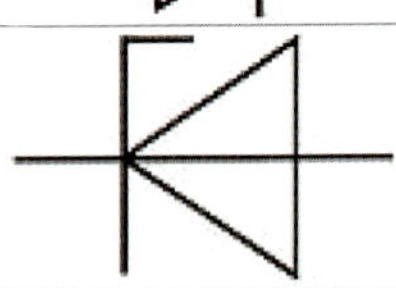	Z-다이오드	전류를 역방향으로 흐르게 하여 전자 회로의 보호 기능
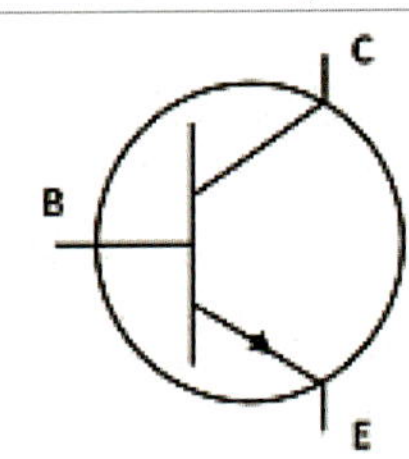	NPN 트랜지스터	n 전자회로는 스위치 또는 증폭기 역할을 하며 베이스가 이미터(방사기)에 대해 플러스일 때 전환
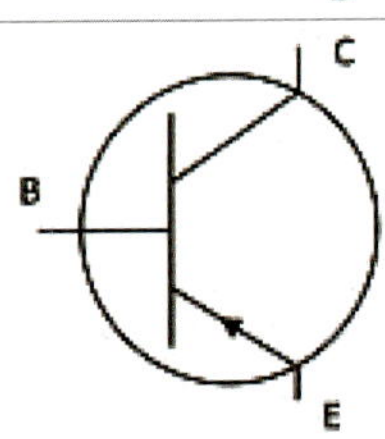	pnp-트랜지스터	n 전자회로, 스위치 또는 증폭기 역할, 베이스가 이미터(방사기)에 대해 네거티브일 때 전환.

[표 4.7] 그 외 기호

기호	명칭	설명
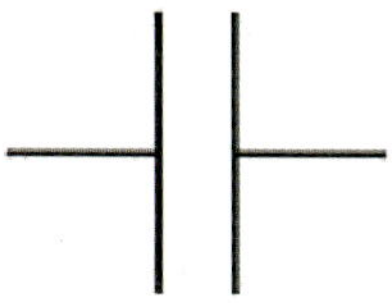	콘덴서	전하를 저장, 에어백 컨트롤 유닛, 인젝터 충전, 사운드 시스템의 UltraCaps, 수 많은 전자 회로.
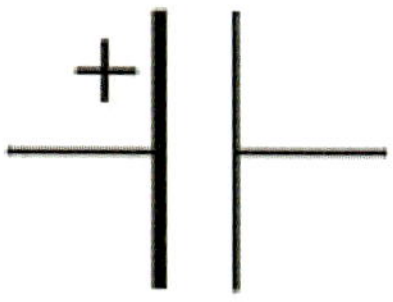	전해질 콘덴서	콘덴서(커패시터)의 두 번째 코팅은 전해질
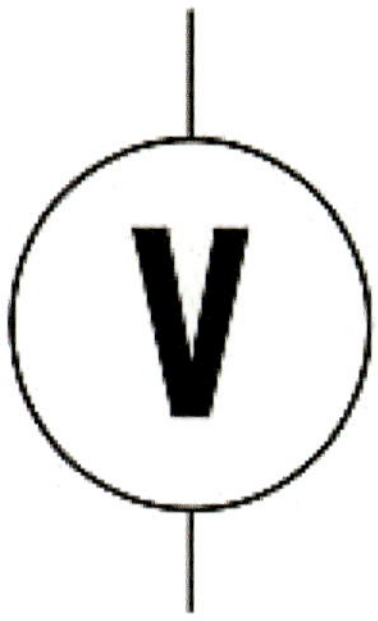	볼트 미터	전압 측정 장치
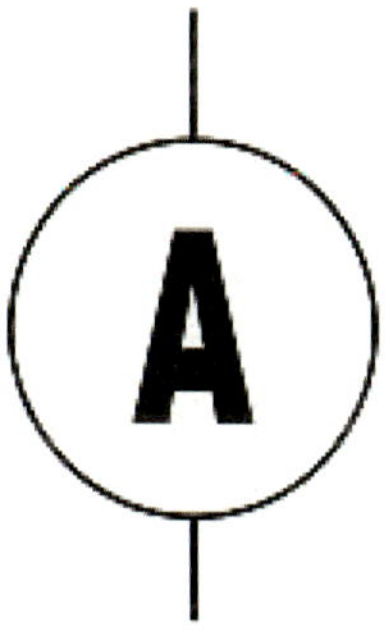	전류계	전류 측정 장치
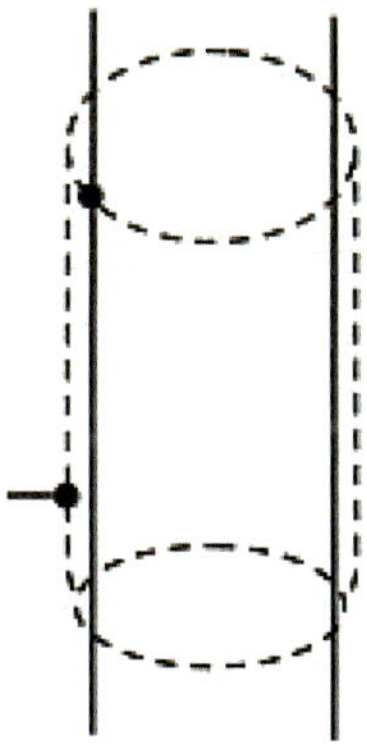	차폐	외부 무선신호로부터 간섭을 차단해 통신를 보호

각 대륙별로 조금씩 차이가 있는 회로도의 다양한 표시 및 기호 해석과 분석은 많은 회로도들을 다룰 수 있는 현장학습을 통해 숙지되는 경험적 방법 외 별다른 뾰족한 방법이 없다. 일반적인 회로도는 다음과 같다.

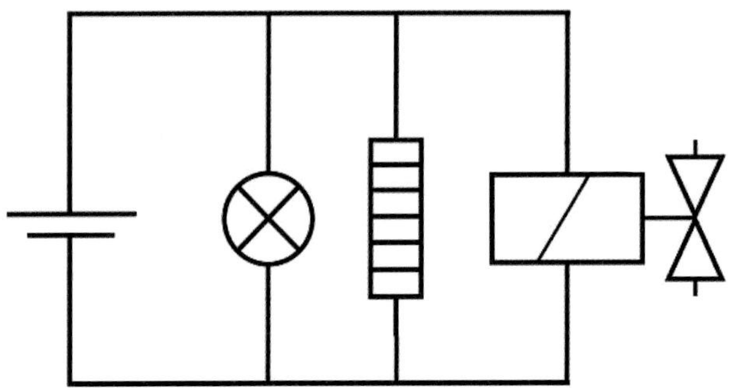

[그림 4.10] 일반적인 회로도

위 그림은 전원과 전구, 히터, 솔레노이드 밸브를 스위치 없이 연결한 회로도다. 하지만 이러한 회로도들을 복잡하고 전체적으로 살펴보기 어려워 자동차에서는 이를 연결한 시스템을 적용해 아래와 같이 풀어 놓은 회로도를 사용한다.

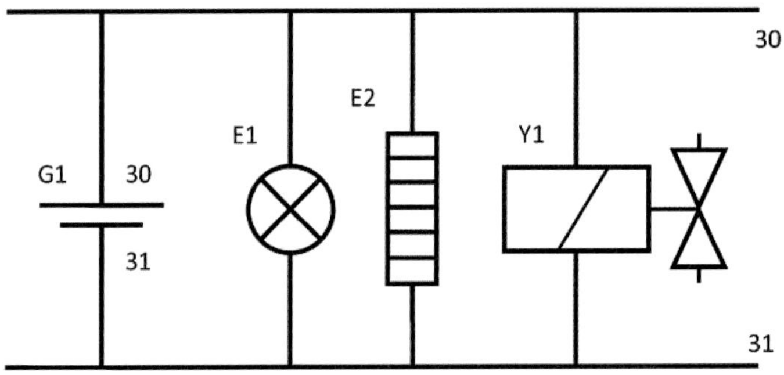

[그림 4.11] 회로의 분해도

라인 30은 배터리에서 항상 공급되는 선이고 라인 31은 접지선, 즉 마이너스선이다. 유럽표준으로 G는 배터리, E는 전열기구, Y는 마그네틱밸브를 나타내고 30은 배터리 전원, 31은 접지 혹은 마이너스다.

가장 보편적인 자동차인 폴크스바겐 골프(Golf) ECU 모트로닉(Motronic M 1.5.4의 회로도는 아래 그림과 같다.

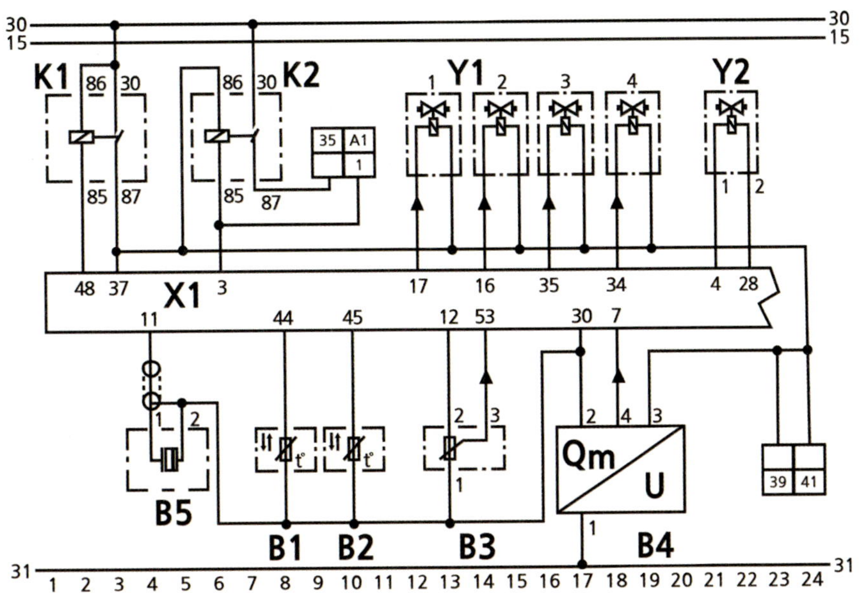

K1 : 메인 릴레이
K2 : 연료펌프
Y1 : 분사밸브
Y2 : 아이들링 액추에이터(공회전 액추에이터)
B5 : 노킹센서
B1 : 흡입관 온도센서
B2 : 냉각수(냉매) 온도센서
B3 : 스로틀 포텐시오미터
B4 : 공기질량 센서
X1 : 메인 ECU

라인 30은 배터리에서 항상 공급되는 전원이고 라인 15는 스위치 전원이다. 31은 차체 접지 혹은 마이너스선이다.

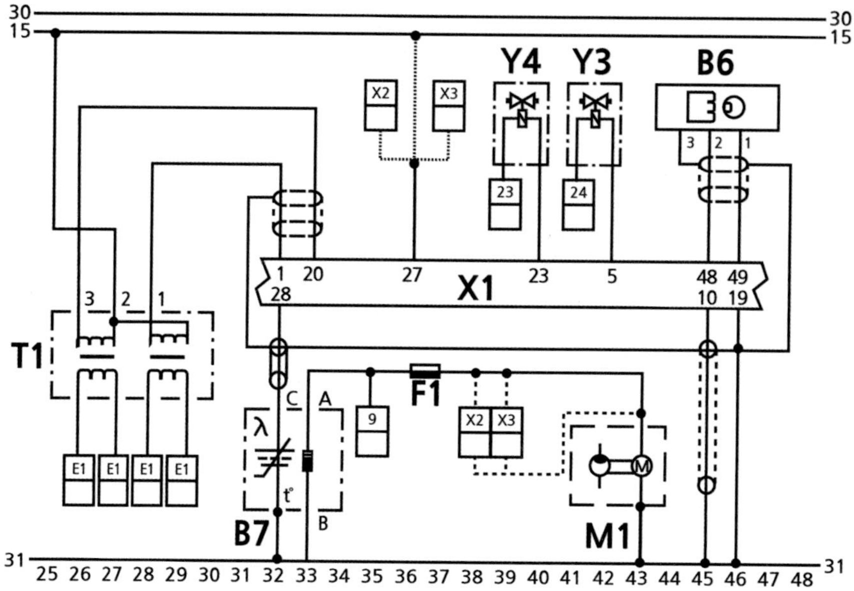

Y4 : 배기가스 순환장치　　Y3 : 연료탱크 공기 배출 장치
B6 : 크랭크축 회전수 센서　　B7 : 산소센서(Lambda Sensor)
T1 : 점화코일　　M1 : 연료펌프

[그림 4.12] 폴크스바겐 모델 Golf ECU Motronic M 1.5.4.의 회로도

위에 예시된 회로도는 90년대 중반 폴크스바겐 모델의 ECU에 연결된 Motronic M 1.5.4의 회로도이다. ECU X1에 연결된 각 부품들과 모듈을 나타낸 회로도이다. 초창기 모델의 회로도이지만 현재 자동차모델의 진단기에 있는 회로도와 기본 원리는 크게 다르지 않다.

Chapter 5

모던자동차의 감각기관인 센서의 기본구조와 파형

- 자동차 에너지변환기(엔진) 진단 기술의 기초
- 자동차 진단 파형의 기본
- 온도(NTC, PTC, HTC)센서
- 위치센서(전위차계 : Potentiometer)
- 유도형(Inductive Sensor)센서
- 홀센서(Hall Sensor)
- 흡입 공기질량센서(Mass Air Flow)
- 산소센서(Lambda Sensor)
- 압력센서(Piezo Sensor)
- 회전 모멘트 센서(Torque Sensor)

자동차 에너지변환기(엔진) 진단 기술의 기초

엔진 제어관리(엔진 매니지먼트)

엔진의 스로틀밸브(throttle valve)를 기계적인 연결로 작동하던 시기인 1990년대 이전의 자동차에서는 연료분사량과 연료분사시기 및 점화시기를 엔진 회전수[n]와 스로틀밸브 각도[α]에 의해 결정하는 모노제트로닉(Mono-Jetronic)시스템이 주류였다.

모노-제트로닉은 실린더로 유입되는 흡입관(Intake Manifold)의 스로틀 밸브 직전에 연료를 분사하는 방식으로 연료분사량 및 점화시기결정에 흡입공기온도와 람다가 보정변수가 된다. Lambda Control은 공기 대 연료의 이상적인 연소 혼합 질량비이며, 람다 1은 피스톤 왕복 내연기관의 실린더내에서 이상적인 연소를 할 수 있는 공기대 연료의 비율을 14.7 : 1로 맞춘 것이다.

이 모노제트로닉에서 한걸음 더 나아가 발전한 것이 모노모트로닉(Mono-Motronic) 시스템이다. 1989년 독일 보쉬사가 처음 개발한 모노모트로닉은 가변저항기 원리인 전위차계(Potentiometer)를 이용해 스로틀(throttle)각도를 측정하고 엔진회전수는 할센서(Hall Sensor)로 측정해 정확도를 높였다.

이 시스템은 스로틀각도 및 엔진 회전수 등 모든 측정값과 보정값을 센서나 엑추에이터 등 전자컨트롤 장비에 의존하는 방식이다. 이와 같이 스로틀밸브각도와 엔진 회전수를 바탕으로 연료분사량과 점화시기를 결정하는 초창기 모노-모트로닉 전자컨트롤 시스템을 알파앤 제어 혹은 알파앤콘트롤(Alpha-N Control : α/n-control)이라고 한다.

이후 흡입공기 압력과 엔진 회전수의 관계로 엔진을 조절하는 P/n-Control, 흡입공기질량과 밀도, 온도, 압력, 습도 등으로 조절하는 Q/n-control 등으로 개발되면서 엔진제어관리(매니지먼트) 기술은 획기적으로 발전해왔다.

2000년대에 들어서면서 배기가스의 규제기준치가 높아지면서 3원촉매장치를 위한 무연휘발유가 의무적으로 공급되면서 배기가스정화장치는 더욱 정교해지고 복잡해졌다. 흡입관에서 분사되던 연료분사는 엔진 실린더 안에서 직접 분사하는 방식으로 발전했다.

모노모트로닉에서 사용되던 싱글 포인드 연료분사방식은 높아진 배출가스 기준치를 더 이상 만족시키지 못해 2000년대 들어서는 시장에서 거의 사라졌다. 따라서 흡입구 내의 싱글포인트 연료분사방식(SPI : Single Point Injection)은 2000년대 이후부터 연료를 각 실린더 내에서 직접 분사하는 멀티포인트 연료분사방식(MPI : Multi Point Injection)으로 교체되었다.

싱글포인트 연료분사방식의 최대 단점은 람다비율인 공기대 연료의 혼합이 흡입구에서 미리 이루어져 분배되기 때문에 실제로 각 실린더로 분배되는 과정에서 공기대 연료의 혼합비율이 달라질 수 있어 각 실린더마다 람다가 일정하게 분배되지 못한다는 것이다.

실린더 내에 직접 분사하는 멀티 포인트 연료분사방식의 최종 목적은 높아진 각 나라의 배출가스 기준치를 만족시키고 안정된 람다비율로 흡입공기량을 정확히 측정해 보내줌으로서 운행조건에 종속되지 않는 최적의 연소로 효율을 향상시켜 연비를 높인다는 것이다.

즉 흡입공기의 질량, 밀도, 온도, 습도 등을 측정하는 흡입공기 질량센서와 흡입구에 장착해 흡입구공기압력을 측정하는 압력센서 그리고 3원촉매 앞 배기관에 장착해 배기관의 산소함량을 측정하는 산소센서로 인해 높아진 배출가스 기준치를 만족시킬 수 있게 되었다.

흡입공기질량센서와 흡입관 온도 및 압력센서 그리고 배기관의 산소센서(lambda sensor) 등 각종 센서들이 많아지면서 이러한 센서들과 연결되어 작동하는 엑추에이터들간의 정보통신의 양도 많아졌고, 또한 센서와 엑추에이터 사이에 통신량이 늘어남에 따라 LIN-BUS, CAN-BUS, FlexRay같은 통신시스템들도 등장했다. 이러한 통신시스템들과 연계되어 최적의 효율상태에서 엔진이 작동하도록 제어하고 관리해주는 시스템을 엔진제어관리(엔진매니지먼트)시스템이라고 한다.

최근엔 하이브리드, 전기자동차 연료전지자동차 등이 등장하면서 Drive-by-Wire, X-by-Wire 등에 장착된 전장모듈과 해당 센서들의 역할과 비중이 더욱 높아져 바야흐로 자율주행자동차의 실현까지도 목전에 두고 있다.

이제 자동차의 감각기관이라 할 수 있는 센서에 대한 기본 작동원리와 개념 그리고 엑추에이터 사이의 정보통신에 대한 이해 없이는 모던 자동차의 정확한 오류진단과 문제해결 및 정비점검이 불가능해졌다. 따라서 엔진 제어관리는 모던자동차의 정비 및 기술공학 분야에 있어서 가장 기본이자 필수이다.

자동차 진단파형의 기초

진단 파형

자동차 진단 파형의 기본은 다섯 가지이다. 첫 번째는 산소센서 전압파형(Signal)으로 측정 가능범위는 1[V]이다. 내연기관에서 산소의 농도를 정확하게 측정하는 것은 매우 중요하다. 순간연소를 하는 내연기관의 특성으로 인해 불완전 연소를 하게 되고 이는 곧 유해 배기가스를 배출하게 됨으로써 환경과 사람의 건강에 치명적으로 작용하게 되기 때문이다. 따라서 산소센서의 정상 작동여부는 엔진과 배기가스 후처리시스템 진단을 위한 가장 기본적이면서 필수적인 사항이다.

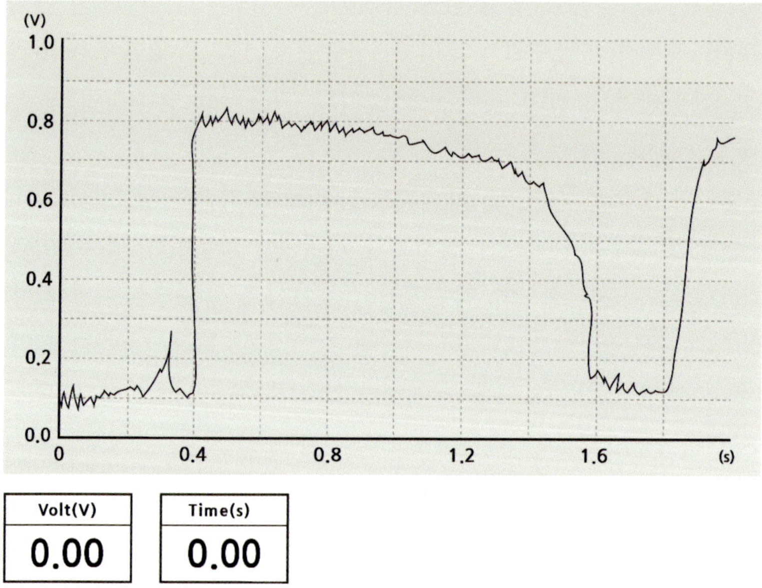

[그림 5.1] 산소센서의 기본 파형

산소센서의 전형적인 정상 파형이다. x축은 시간을 나타내며 단위는 초이다. y축은 전압이다. 오실로스코프나 진단기에서 이 파형과 다른 파형이 나오면 파형의 다른 형태에 따라

고장의 유무를 판단할 수 있다. 파형의 유형은 제조사 모델에 따라 그리고 상황과 주변 조건 등에 따라 다르므로 이를 판단하기 위해서는 제조사의 파형 유형에 대한 매뉴얼 지침과 더불어 진단 경험치, 즉 암묵적 지식축적의 경험이 중요하다.

두 번째는 각종 자동차 내의 일반 센서들의 전압 파형이다. 측정 가능범위는 5[V]이다.

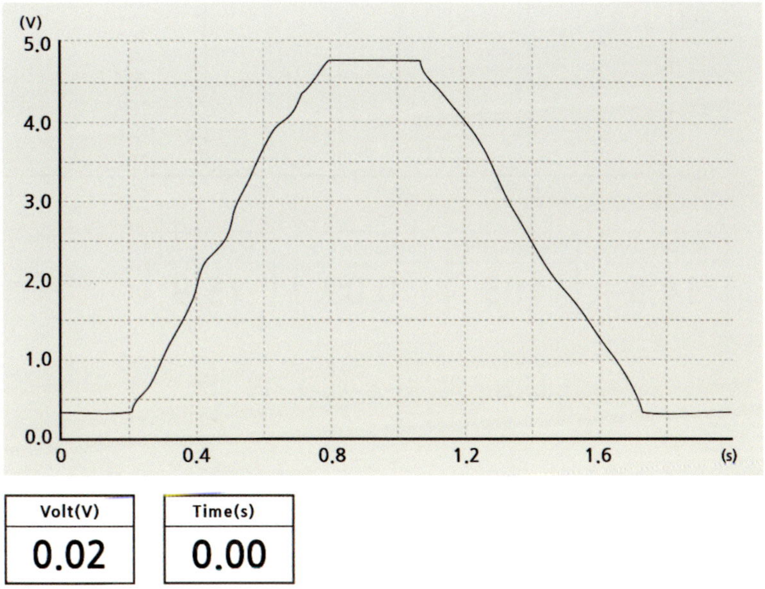

[그림 5.2] 일반 센서의 기본 파형

공기량 혹은 공기질량 측정센서, 온도센서 그리고 위치센서 등 자동차의 기본 센서들은 대부분 이러한 형태의 기본 파형의 전압을 갖는다.

세 번째는 주로 전기모터로 작동되는 액추에이터로서 전압 측정범위는 20[V]이다.

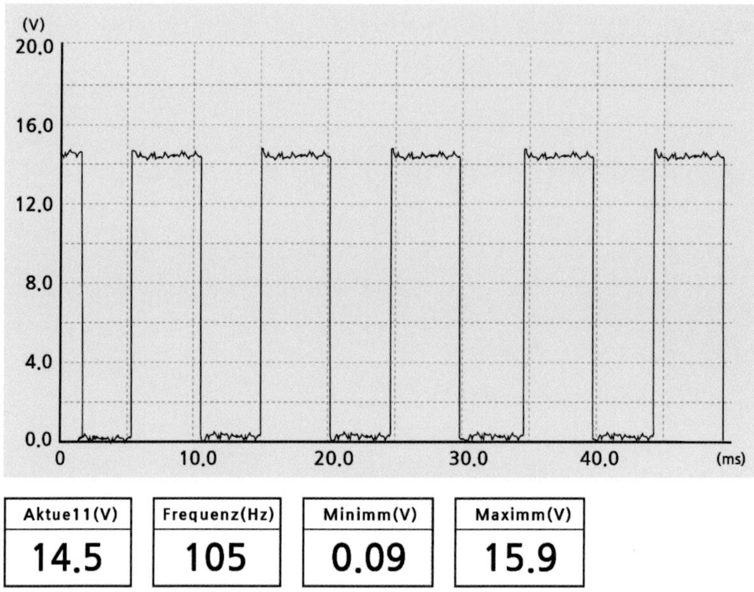

[그림 5.3] 액추에이터의 기본 파형

각종 엑추에이터의 파형으로 x축인 시간단위는 주로 밀리초(millisecond, 1/1000초)이다. 액추에이터는 대부분 전기모터이기 때문에 최대 20[V]까지 측정이 가능해야 한다. 흔히 백미러라 불리는 후사경의 히터에도 적용된다.

네 번째는 마그네틱(솔레노이드) 밸브를 작동하는 전압 파형으로 측정범위는 50[V]이다.

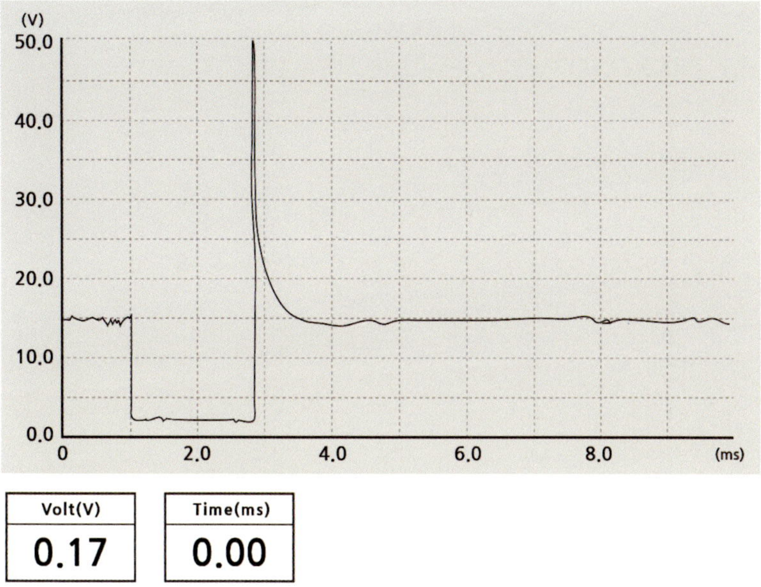

[그림 5.4] 마그네틱 밸브의 기본 파형

유도현상으로 작동되는 연료분사 마그네틱 밸브는 순간적으로 높이 치솟는 형태의 전압 파형을 보이기 때문에 이를 시각적으로 잘 나타내기 위해서는 최소 50[V]의 측정범위에서 파형을 구분해야 한다.

x축의 시간단위는 밀리초(ms)이다.

다섯 번째는 유도현상을 이용한 센서로 교류 전기를 사용하기 때문에 교류전압 파형을 측정한다.

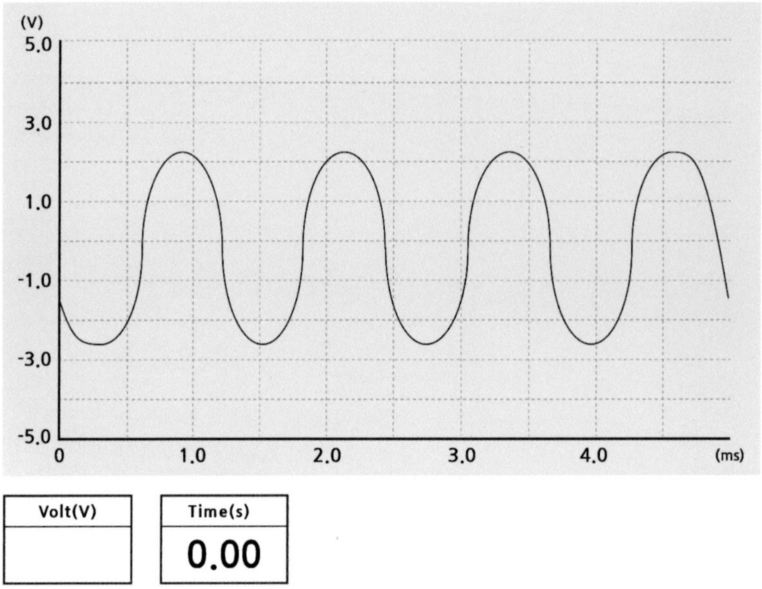

[그림 5.5] 교류전압의 기본 파형

교류전기의 파형은 네가티브, 즉 0[V] 이하의 마이너스 아래 부분까지 관찰할 수 있도록 0[V] 라인을 오실로스코프나 진단기모니터 화면의 중간에 오도록 조정해야 한다. 필요에 따라 0[V] 선을 조정해서 파형을 봐야 할 경우도 있기 때문이다.

위의 다섯 가지 기본 파형은 진단에 있어 가장 기본적이고 중요한 바탕이 된다. 그리고 X축인 시간은 대개 1초에서 2초 사이에서 측정하도록 사전 설정이 되어 있는데 이러한 사전 설정은 연결 후 곧바로 화면에 파형으로 나타낼 수 있다는 장점이 있다.

X축은 시각적으로 인식 가능한 파형이 잡힐 때까지 시간 간격을 선택하면 된다. 하지만 다양한 옵션들과 각기 다른 특성을 갖는 개별 센서들이나 엑추에이터의 파형 분석에는 사전 설정된 시간 간격이 적합하지 않는 경우가 많아졌다.

온도센서(NTC, PTC, HTC)

자동차의 센서들 중 가장 중요하고 기본적인 센서는 온도 센서이다. 자동차에 주로 사용되는 온도센서는 크게 다음과 같은 세 가지 방식의 센서로 나뉘어진다.

음의 계수를 갖는 NTC(Negative Temperature Coefficient), 양의 계수를 갖는 PTC(Positive Temperature Coefficient) 그리고 고온을 측정할 수 있는 HTC(High Temperature Coefficient)가 있다.

NTC는 온도가 상승함에 따라 저항이 감소하는 현상을 이용해 섭씨 40℃에서 200℃까지 무리없이 측정할 수 있다. 그 이상의 고온은 백금 박막저항을 이용하는 고온센서(HTS)를 사용하며 전압의 변화는 아날로그로 나타난다.

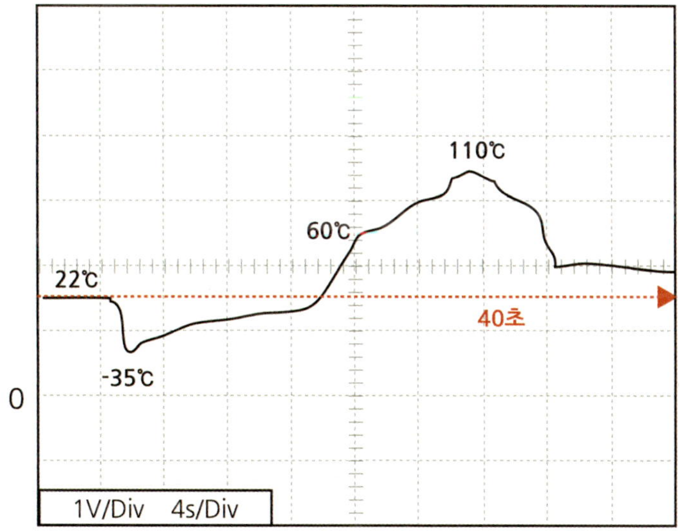

[그림 5.6] NTC 센서의 시간에 따른 온도변화

자동차 냉각수 온도는 곧 엔진 온도와 같다. 냉각수 센서(NTC)는 냉매의 온도를 감지한다. 냉매가 가장 저온상태일 때, 즉 영하 20℃일 때 센서 내의 저항값은 최대인 15[kΩ](킬로오음, 도표의 파란색 선)이지만 냉매의 온도가 80℃ 정도까지 상승함에 따라 센서 저항값은 300[Ω]까지 떨어진다.

저항값에 따른 전압의 변화를 중앙제어장치인 ECU에서 읽고 엔진의 온도를 감지하는 것이다. 엔진이 차가운 냉간 시동일 경우, 즉 센서의 저항값이 가장 높을 때 중앙제어장치는 연료분사량을 늘려준다.

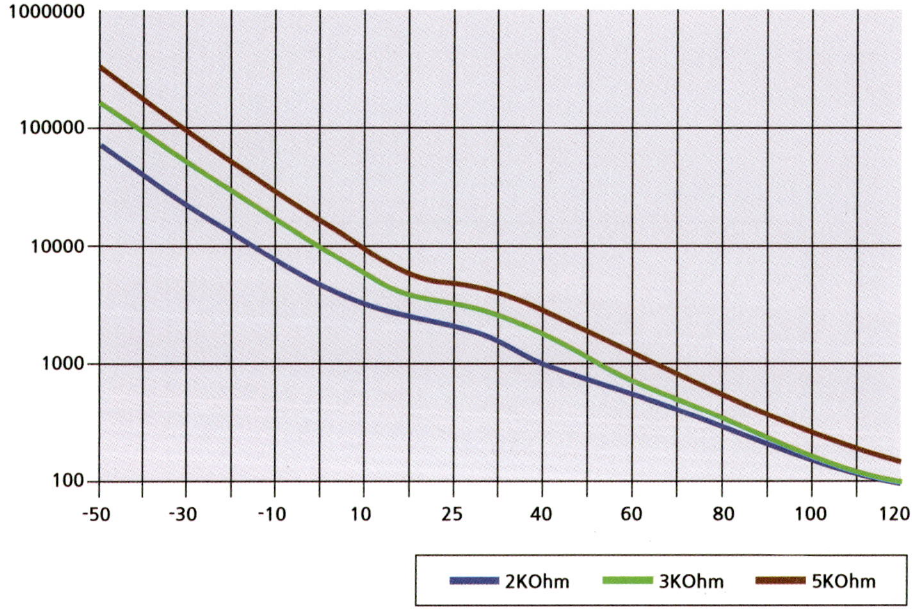

[그림 5.7] 2[kΩ]과 3[kΩ] 그리고 5[kΩ]의 전형적인 NTC저항값에 따른 온도변화의 다이어그램

냉각수 온도센서가 고장나거나 제대로 작동하지 않으면 엔진 공회전 회전수가 고르지 못하거나 상승하게 되고 연료소비도 증가한다. 또한 유해배기가스의 농도가 짙어지거나 배기가스량이 많아지는 등 매우 다양한 증세들이 나타난다.

센서 연결을 중단하고 테스트하면 저항값이 비정상적으로 커져 그에 따라 온도도 비정상적으로 나타나며 당연히 엔진 진단에도 오류로 기록된다.

NTC와는 반대로 작동하는 방식이 PTC(Positive Temperature Coefficient)이다. 즉 온도가 상승함에 따라 저항값도 커진다. PTC는 대부분 전선이나 일반 전열기구 등에 사용되며 자동차에서 사용되는 대표적인 예로는 산소센서의 히터가 있다.

이 외에 자동차에서 주로 사용하는 NTC 온도센서는 다음과 같다.

- 냉각수 온도센서
- 흡입관(가스) 온도센서
- 연료온도센서
- 촉매모니터링 센서
- 엔진오일 온도센서
- 인터쿨러 온도센서
- 운전석과 조수석 시트 온도센서

그리고 자동차에 대표적인 고온센서(HTC)로는 EGR센서, 터보차저 센서, 매연필터센서, (DeNO$_x$)촉매용 센서 등이 있다.

NTC센서의 저항 측정

온도 센서의 저항은 보통 일반 멀티미터(저항 테스터)로도 측정할 수 있다. NTC온도센서는 제조사마다 차이는 있지만 엔진이 차가운 상태일 때는 높은 저항값을 갖고 엔진온도가 상승하면 낮은 저항값을 갖는다는 원리는 같다.

각 저항값은 제조업체에 따라 다르지만 대략 약 20°C의 엔진온도에서 대략 2~6[kΩ]옴이고 엔진 온도가 80°C 정도의 엔진온도에서는 약 300[Ω] 정도이다.

온도 센서를 측정한 후 반드시 연결 플러그와 케이블에 단선과 단락(단선된 NTC 플러그 및 제어 장치 플러그)이 있는지 확인하는 것도 가장 중요한 기본사항이다. 물론 제조사의 온도센서에 대한 컨트롤 유닛 플러그의 핀에 대한 정보나 매뉴얼이 있으면 온도측정과 진단에 많은 시간과 비용을 절약할 수 있다.

온도 센서에 공급되는 전압은 5볼트를 넘지 않고 센서 측정 전류는 1[mA]를 넘지 않아야 한다. 그 이상 높은 전류로 테스트하게 되면 자체로부터 발생하는 발열현상으로 인해 정확한 온도에 대한 측정값을 얻기 어렵기 때문이다.

고온센서(HTS)

터보 차저와 같은 높은 열과 직접 접촉하는 구성 요소를 보호하려면 특수 온도 센서가 필요하다. 이러한 고온센서들은 대부분 고온의 배기가스가 흐르는 배기관에 직접 장착되어 있는데 고온 상태에서 직접 온도를 측정하고 데이터 처리를 한 후 엔진 제어 장치로 데이터를 전송하기 때문에 높은 내열성을 갖추어야 한다.

독일 베루(BERU)사가 개발한 고온 센서(HTS)의 측정범위는 -40℃에서 950℃ 사이이며 배기가스에 대한 저항력이 높아 내구성이 우수하다. 유럽연합과 독일의 표준인 DIN IEC 751에 부합하는 이 고온센서는 백금으로 만들어진 RTD(Resistance Temperature Detector : 측온저항체) 소자가 있는 센서이다.

백금소자 고온센서의 가장 큰 장점은 표준화 된 특성으로 모든 온도 범위에서 OBD와 접속해 진단과 모니터링이 가능하다는 점이다. 유로 5 및 6의 배출가스 정화장치의 온도센서로 터보 차저, 배기 가스 재순환 시스템, 디젤 미립자 필터 및 $DeNO_x$ 촉매의 모니터링에 가장 보편적으로 사용하고 있는 센서이다.

종래의 백금 센서 소자는 알루미나 기판에 도포된 백금 박막으로 구성되며, 이 박막은 얇은 유리로 커버코팅을 해서 배기가스에 의한 손상으로부터 보호하도록 되어 있었다. 그러나 이 방식은 약 800℃의 배기가스 온도부터 저항 측정의 특성 곡선이 바뀌게 되는 단점이 있다.

최근 새로 개발된 백금 측정 저항기는 이 유리커버코팅을 특수 공정으로 조밀하게 도포된 절연성 세라믹 층으로 대체해 센서의 화학적 노화를 방지하고 측정 저항은 산화 마그네슘 캡으로 밀봉처리 했다.

기본 INCONEL 601은 크롬 니켈 특수강 합금으로 제작되어 내열성이 높고 황(SO_2)에 대한 높은 내성으로 배기가스센서에 가장 적합해 유로 6를 만족하는 자동차 모델에 보편적으로 사용되고 있다..

백금-로듐/백금 열전대는 예를 들어 0℃~1600°C의 온도측정에 적합하며 니켈-크롬/니켈 열전쌍은 -270℃~1372°C의 열전 전압에 적합하다.

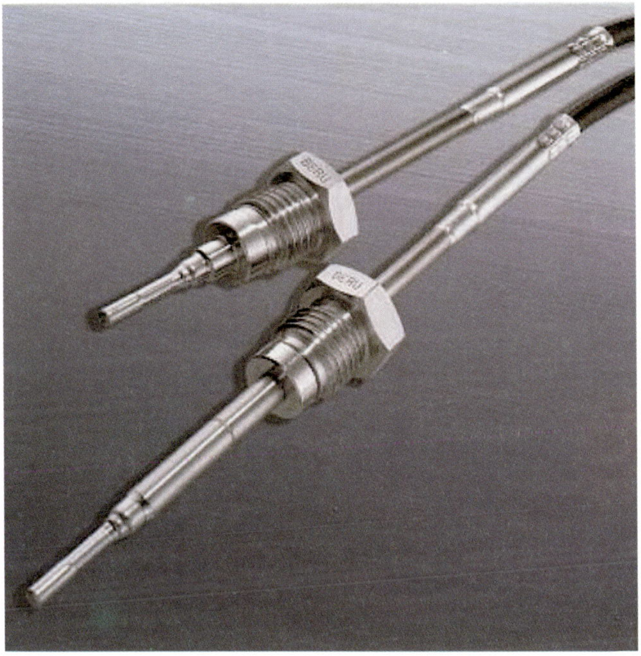

[그림 5.8] 고온 온도센서(HTS)

참고 **열전쌍, 열전대 혹은 열전기쌍 (Themocouple)**

열전대(영어:Thermocouple)는 서로 다른 종류의 금속을 접속한 것으로 열전 효과(열을 전기에너지로 변환하는 효과로 Seebeck효과라고도 한다)를 일으키는 금속선이다. 2개의 상호 접속된 도체에서 각 도체의 온도차로 인해 전압이 생성된다. 대부분 자동차의 온도센서에는 이러한 열전쌍을 이용한다. 열전대로부터 전기에너지를 지속적으로 공급받을 수 있을 때 열전 발전기(TEG:Thermoelectric Generator)가 된다. BMW사는 TEG를 보드 전기에너지로 공급하는 프로젝트를 시도했었다.

위치센서(전위차계 : Potentiometer; Poti)

자동차에서 전위차계(포텐시오미터)를 이용한 부품들이 점점 더 많아지고 있는데 그중에서 가장 대표적인 전위차계는 스로틀 위치센서이다.

전위차계란 일종의 가변저항 혹은 가변저항기이다. 즉 기전력을 주는 전원에 직렬로 연결된 두 저항의 스위치를 바꿈으로써 두 개의 저항의 합은 일정하게 유지하되 각각의 저항값을 크거나 작게 하여 전압을 조절하는 것이다. 일반적으로 가장 많이 측정하는 전압은 직류이다.

스로틀 밸브 포텐시오미터는 스로틀 밸브의 각도에 대한 정보를 엔진제어유닛(ECU)에 알린다. 이 센서의 신호는 특히 상황에 따른 엔진 연료분사량 계산에 절대적으로 필요하다. 따라서 스로틀밸브 포텐시오미터가 고장나면 엔진 회전수가 고르지 못하게 되고 특히 냉간 시동시 매우 불안정한 엔진 회전수를 보이며 연료소비량이 늘어나게 되는 등 엔진 부조화가 발생하게 된다. 스로틀 포텐시오미터의 주요 고장 원인은 플러그 연결불량, 불순물(습기나 기름)로 인한 내부 단락 혹은 기계적 손상이다.

스로틀 포텐시오미터에 대한 일반적인 진단은 다음과 같은 순서로 한다.

① 외견상 손상이 있는지 확인한다.
② 플러그연결이 제대로 되었는지 확인하고 오염여부를 점검한다.
③ 스로틀 포텐시오미터의 저항을 측정한다.
이 경우 제조사 모델에 따른 핀에 대한 정보와 회로도가 필요하고 멀티미터나 오실로스코프 등 저항 측정기를 연결한 후 스로틀 밸브가 완전히 닫힌 상태에서 저항을 확인해야 한다. 그 다음 스로틀밸브를 천천히 열어 저항의 변화를 관찰하면서 완전히 열렸을때까지 확인한다. 이 과정에서 저항의 변화에 따라 일어나는 슬라이딩 현상으로 고장 유무를 판정할 수 있다.
④ 제조사의 회로도와 핀에 대한 정보를 바탕으로 엔진 ECU와 케이블 연결과의 단락여부를 확인한다. 이때 ECU와 케이블의 설정값은 0[Ω]오옴이고 차체 접지면(마이너스선)의 설정값은 30[Ω] 이상이어야 한다.

스로틀 밸브 포텐시오미터의 저항 측정

경험 많은 전문가라면 스로틀밸브 포텐시오미터의 저항 측정은 일반 멀티미터로도 충분히 측정할 수 있다. 하지만 좀더 정확하고 빠르게 저항을 측정 진단하는 방법이 있다. 바로 진단기를 연결해 진단기 내의 오실로스코프화면으로 이동하거나 직접 포텐시오미터를 오실로스코프로 연결해 측정하는 것이다.

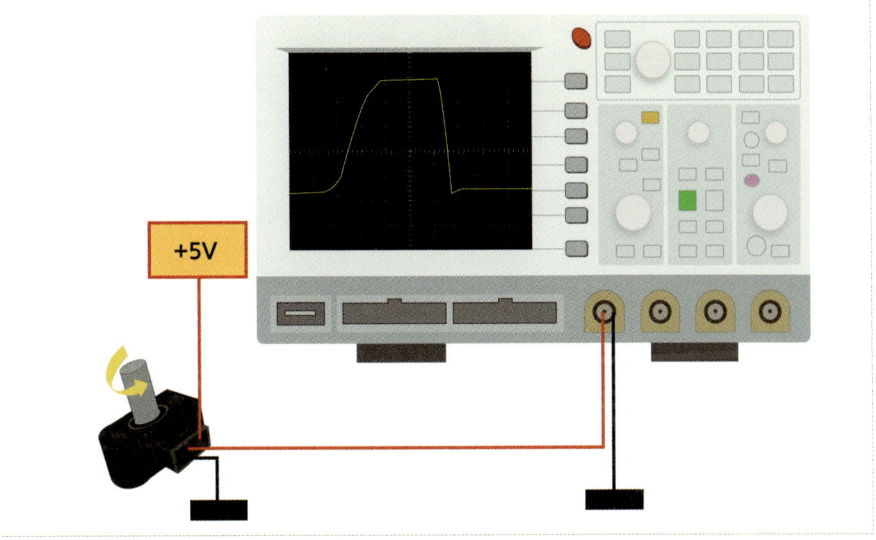

[그림 5.9] 오실로스코프를 통한 포텐시오 저항 측정

오실로스코프와 포텐시오미터를 연결할 때는 포텐시오미터 가운데 연결선은 오실로스코프로 연결하고 왼쪽연결선은 마이너스 접지부로 연결한다. 이때 오실로스코프에 나타나는 저항파형으로 진단한다.

저항 파형은 제조사마다 다를 수 있다. 때문에 제조사 매뉴얼이나 정비지침을 따라야 한다. 일반적인 포텐시오미터의 저항 특성은 다음과 같다.

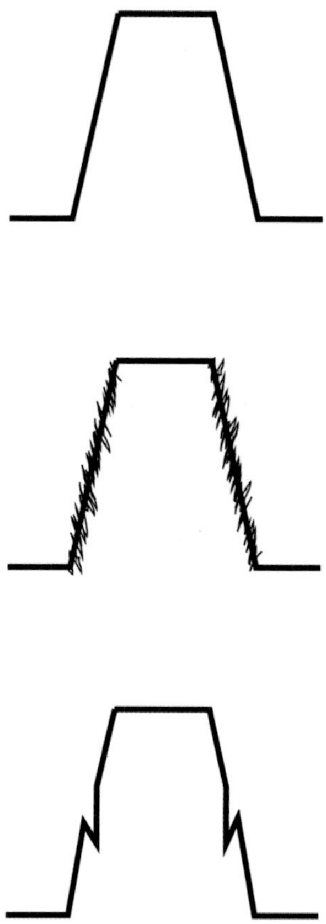

[그림 5.10] 포텐시오미터의 저항 파형 특성

그림의 첫 번째는 정상적인 파형이다. 두 번째 파형의 상승파형부분과 하강 파형부분에 나타난 장애는 작동은 되지만 포텐시오미터가 심하게 마모되었거나 노후했다는 유력한 증거가 된다. 또 오실로스코프 모니터나 해상도가 나빠도 이러한 파형이 나올 수 있다. 세 번째 저항파형은 상승부분이나 하강선이 꺾이는 저항파형의 형태는 포텐시오미터 내의 저항선이 망가졌거나 습기나 오일 등 불순물로 인해 연결이 되지 않는다는 의미다.

대부분 자동차에서 위치센서로 작동하는 포텐시오미터는 수리가 불가능하다. 때문에 가장 정확하고 빠른 진단으로 교체여부를 신속히 결정해야 한다.

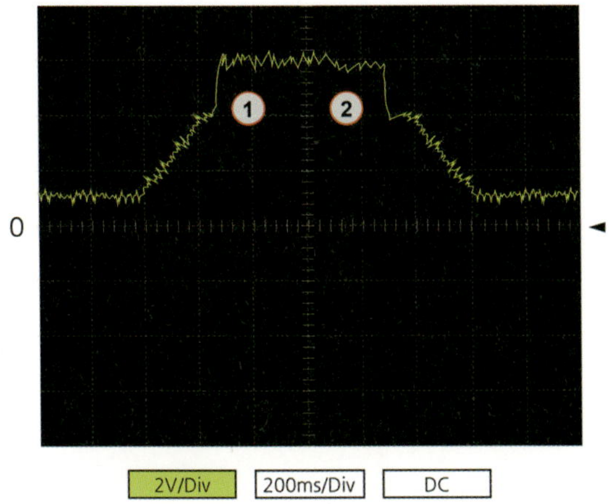

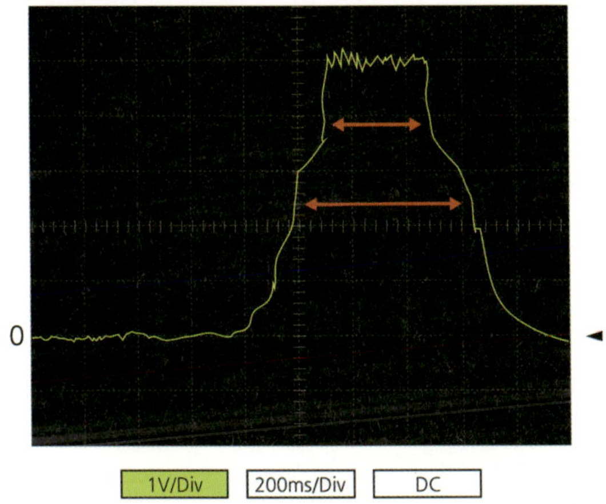

[그림 5.11] 고장난 위치센서의 전형적인 파형

고장난 포텐시오미터의 파형은 대부분 첫 번째 파형에서처럼 파형의 상승부분 1이나 하강부분 2에 급격하게 꺾인 형태를 보이거나 아래 그림 화살표처럼 전압이 급상승하거나 하강하는 파형을 보인다.

만약 한쪽만 꺾인 형태를 보인다면 측정을 다시 해야 한다. 전기에 대한 기본적인 지식이 충분해도 실제 측정시 오류를 범하는 경우도 상당히 많기 때문이다.

파형은 반드시 상승부분과 하강부분이 같아야 한다. 아래 파형도 마찬가지이다. 파형의 상승부분과 하강부분이 같지 않다면 전압이 불안정하다는 의미이다.

포텐시오미터를 비롯한 각종 센서의 측정 방법은 매우 다양하다. 예로 들어 포텐시오미터는 멀티미터 외에도 오실로스코프나 진단기 등을 통해 다양하게 진단할 수 있다. 그중에서도 오실로스코프를 통한 진단이 가장 보편적이고 정확하면서도 간단하고 빠르다.

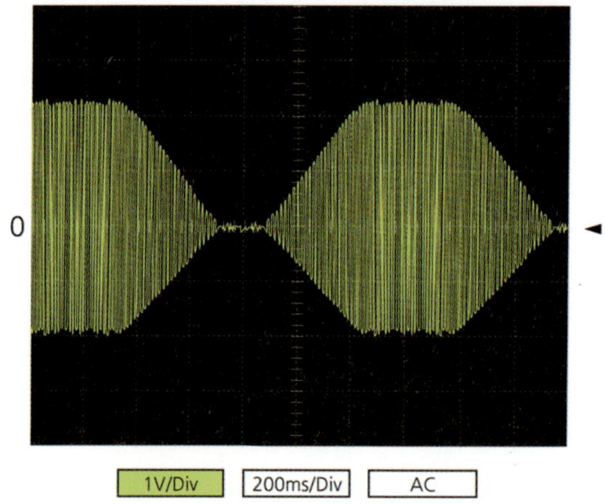

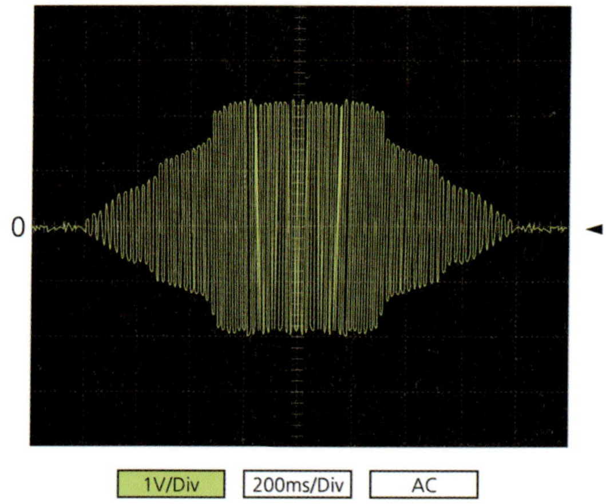

[그림 5.12] 오실로스코프의 파형 분석

위의 파형은 주파수 500[Hz]에서 교류로 진단한 사각형 파형이다. 보통은 주파수 100[Hz]에서 200[Hz] 범위에서 측정한다.

첫 번째 파형은 정상 파형이다. 특징은 일정하게 상승하고 하강하는 형태를 보인다. 두 번째 파형처럼 단계적인 상승이나 하강하는 형태를 보이는 파형은 포텐시오미터의 고장으로 판단한다.

유도형 센서(Inductive Sensor)

유도형 센서는 전자기유도 현상을 이용한 센서로 현대의 자동차에서는 매우 다양하게 사용되고 있다. 전자기 유도현상이란 자기장이 변하는 곳에 있는 도체에 전위차(전압)가 발생하는 현상으로 마이클 패러데이(Michael Faraday 1791~1867)가 처음 발견했다.

패러데이가 자기 선속의 변화율과 발생하는 전압은 비례한다는 사실을 발견했고 이를 제임스 클래크 맥스웰(James Clerk Maxwell 1831~1879)이 수학적으로 정리해 맥스웰 방정식으로 완성했다.

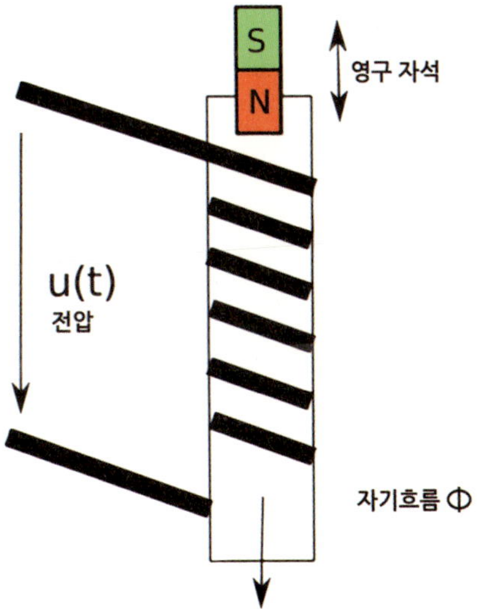

[그림 5.13] 유도형 센서의 기본구조

최신 자동차에서는 전자기 유도원리를 이용해 발전기와 전기모터 그리고 다양한 유도형 센서들이 개발되어 적용되고 있다. 전자기유도법칙의 기본요소는 코일과 자기장 그리고 동력(움직임)이다.

오래전부터 자동차에서 전자기유도현상을 이용한 장치는 점화코일이었다. 하지만 2000년대 들어서면서 전자기유도 센서는 아래와 같이 자동차의 다양한 분야에서 사용되고 있다. 유동형 센서는 마찰이 없어 내구성이 좋고 신뢰성이 높아 각도, 속도, 길이 등 다음과 같은 자동차내의 다양한 움직임들을 측정하는데 사용된다.

- 엔진 및 변속기의 회전수
- 크랭크축과 캠축의 위치 및 회전수
- 바퀴회전수
- 점화 방출용 펄스발생시
- 스로틀 밸브 위치
- steer by wire나 ESP를 위한 스티어링(핸들) 각도
- 가속페달 위치센서
- 전자브레이크시스템을 위한 브레이크 페달 위치센서
- 섀시제어나 전조등(헤드라이트)범위제어 등에 필요한 각종 레벨센서

자동차의 엔진제어 및 관리(엔진 매니지먼트)에서 가장 중요한 요소 중 하나인 엔진 회전수와 위치는 주로 크랭크축에 장착된 유도형 센서가 측정한다. 위치와 회전수를 측정하는 유도형 센서의 방식과 그로부터 파생되는 신호(파형)는 다음과 같다.

① 위치센서 ② 파형

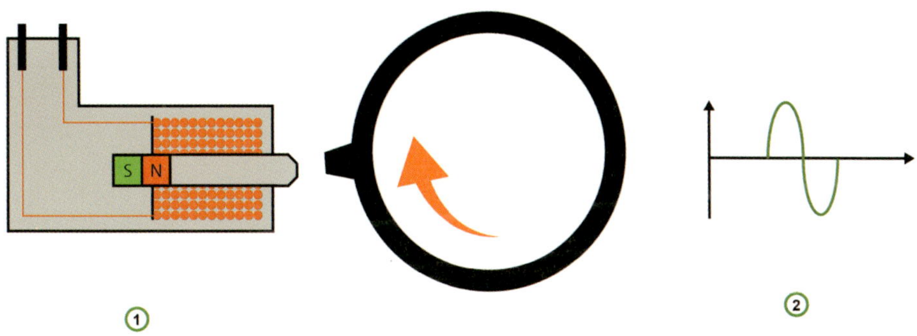

① 위치센서 ② 파형

① 위치센서 ② 파형

[그림 5.14] 유도형 위치 센서의 유형과 해당 파형(Signal)

유동형 센서는 측정하고자 하는 움직임으로부터 전압의 변화를 측정한다. 따라서 센서의 원리와 방식을 기본적으로 이해하면 코일에 종속되는 자기장의 세기로부터 유도되는 전압의 변화로 파형의 형태를 알 수 있고 파형의 기본 형태에 근거하여 정확한 진단 및 기능과 작동상태를 점검할 수 있다.

엔진 플라이휠의 톱니바퀴 기어가 회전함에 따라 각각의 개별 톱니가 자기장의 변화를 가져오고 이러한 자기장의 변화는 코일에 유도 전압을 생성한다. 엔진이 회전하는 속도에 따라 유도되는 전압의 변화는 파형으로 나타난다.

엔진 회전수를 측정하는 크랭크축센서가 고장나면 다음과 같은 현상들이 발생할 수 있다.

- 시동꺼짐
- 엔진의 작동 불능
- 에러 코드 저장

주요 원인 :

- 코일의 단선
- 전력공급선 연결불량 혹은 단락
- 기계적인 손상(톱니손상)
- 오일찌꺼기 혹은 먼지 등 불순물
- 센서와 톱니사이의 간극 확장 혹은 협착

크랭크 축 센서에 저항기로 저항을 직접 측정할 때는 센서가 유도형센서인지 홀센서인지 먼저 확인해야 한다. 저항을 측정하는 저항계는 홀센서에 함께 장착된 전자장치를 파괴할 수 있기 때문이다. 홀센서에는 통상 3개의 연결부가 있는데 ABS시스템의 바퀴회전수센서와 같이 2개의 연결포트만 있는 홀센서도 있기 때문에 실제 저항을 측정할 때는 반드시 조심해야 한다.

엔진 회전수 유도형 센서의 구조

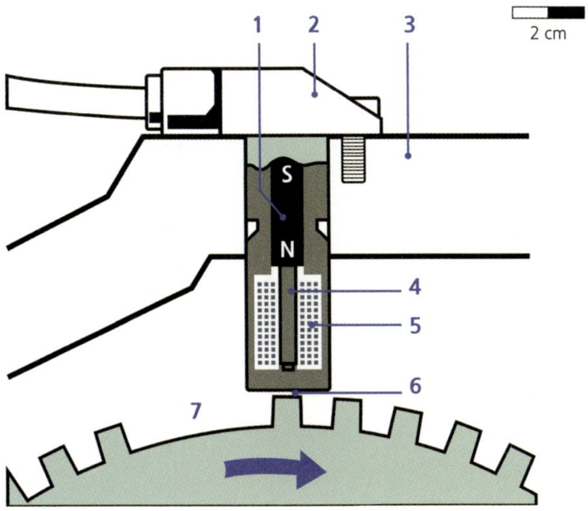

① 영구자석 ② 센서 덮개
③ 엔진케이스 ④ 연철심(soft iron)
⑤ 유도코일 ⑥ 간극
⑦ 톱니 사이 갭

엔진회전수 유도형 센서의 파형

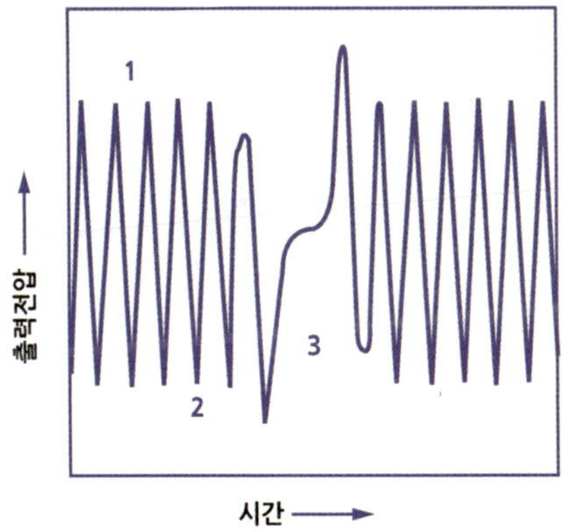

① 톱니 ② 톱니사이 ③ 톱니사이 갭

[그림 5.15] 엔진 회전수 유도형센서의 구조와 파형

진단기로 혹은 오실로스코프 측정시 크랭크축 유도형센서의 파형은 뚜렷한 사인(Sine) 혹은 정현파 형태로 나타나야 하며 파형이 약하게 나타난다면 센서와 톱니 사이의 간극이 크다는 의미이다.

홀 센서(Hall Sensor)

홀센서는 홀효과(Hall Effect)를 이용한 센서이다. 홀효과는 자기장에 위치한 전류 전달 전기도체나 반도체에서 발생하며, 여기에서 전류 방향 및 자기장에 수직이고 전자에 작용하는 로렌츠 힘(Lorentz Force : 전하를 띤 물체가 전자기장 안에서 받는 힘)을 보상하는 전기장이 형성된다. 이때 발생하는 전압(전위차)을 홀 전압이라 하며 홀센서는 자기장의 세기를 측정해 전압이 변하는 것을 감지하는 소자이다.

홀센서는 반도체나 도체 그리고 영구자석과 트랜지스터 같은 파형 변조장치가 반드시 필요하다. 대부분 반도체가 센서와 함께 집적되어 있어서 홀센서를 홀 IC 라고도 한다. 따라서 홀센서 IC에 직접 멀티미터로 저항 측정을 하게 되면 IC가 망가질 위험이 있어 특히 주의를 해야 한다.

홀 센서가 사용되는 분야는 유량 측정, 펄스변조, 각종 회전검출제어 등 다양하다. 자동차에서 홀 센서는 주로 회전하는 물체의 회전속도(rotation speed)를 측정하는데 다음과 같은 분야에 적용된다.

- 크랭크축 센서, 캠축 센서 : 첫 번째 실린더의 피스톤 위치를 정확하게 추적할 수 있어 가솔린 엔진과 펌프노즐 분사시스템 엔진의 연료분사 시작점 계산 및 엔진노킹 제어에 필수이다.
- 점화 시스템
- 변속기 회전 속도
- 브레이크시스템의 ABS 회전 속도 센서
- 휠 릴리즈 감지 / 경고(주로 Audi모델)

캠축센서의 작동원리

각 실린더의 상사점을 표시하는 강자성체의 톱니가 붙은 회전자는 캠축과 연결되어 같이 회전하는데 홀 센서는 이 회전자와 홀센서에 수직인 영구자석 사이에 장착된다.

홀센서의 구조

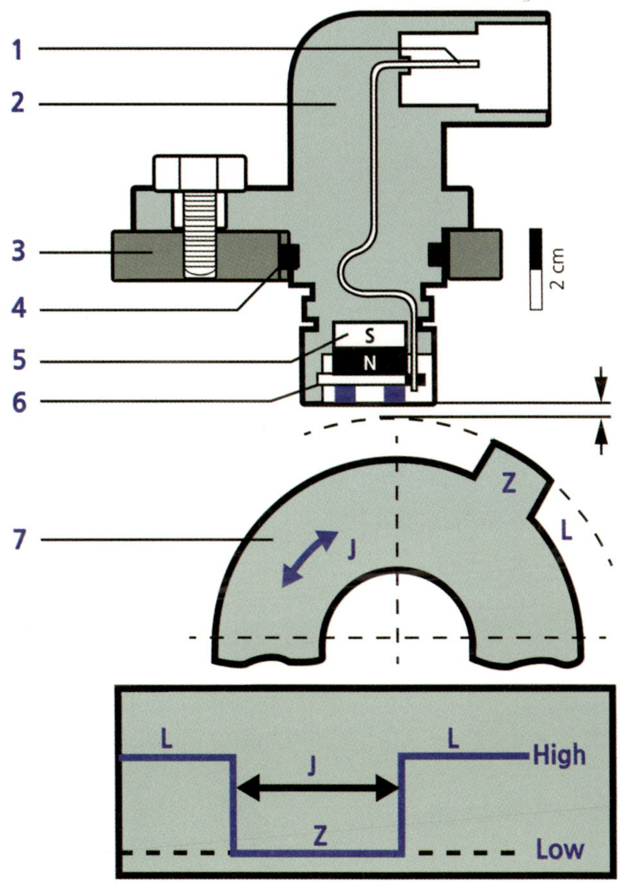

1. 전기 공급선　2. 센서 하우징　3. 모터 하우징　4. 씰링 링　5. 영구 자석
6. 홀 센서　7. 톱니 / 세그먼트(Z) 및 간극(L)이 있는 회전자
a. 홀 센서와 회전자의 간극　j. 회전 각　I. 홀 센서 및 회전자(임펄스 휠)의 위치
Z. 출력 전압(U) 파형

[그림 5.16] 홀 센서의 구조와 출력 전압(U) 파형

홀효과는 회전자의 강자성체 톱니와 반도체층으로 구성된 센서 사이에서 발생한다. 이로 인해 생성된 전압(단위 : mV)은 센서와 로터 사이의 상대 속도와 무관하며 홀 전압의 변화는 홀센서에 집적된 회로(IC)에서 사각형의 파형으로 변형해 엔진제어기(ECU)로 출력한다. 이때 변화하는 전압, 즉 피스톤 위치 데이터정보는 엔진제어기(ECU)에서 연료분사시점과 점화 시기 및 연료분사시간을 제어하는데 중요한 변수가 된다.

회전자의 톱니가 서로 다른 거리에 있으므로 홀 전압은 서로 다른 시간 간격으로 발생한다. 엔진제어기(ECU)는 발생한 홀 전압으로부터 각 실린더와 해당 피스톤의 위치를 인식하고 펌프 노즐에 대한 정확한 연료분사 밸브개폐시기와 연료 분사량을 제어할 수 있게 된다.

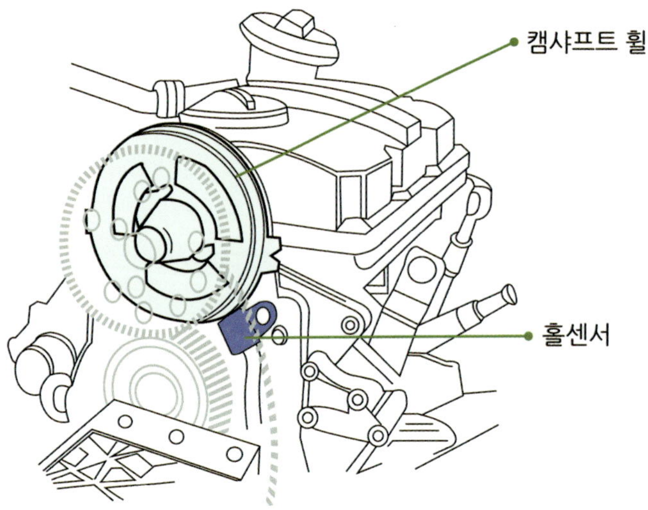

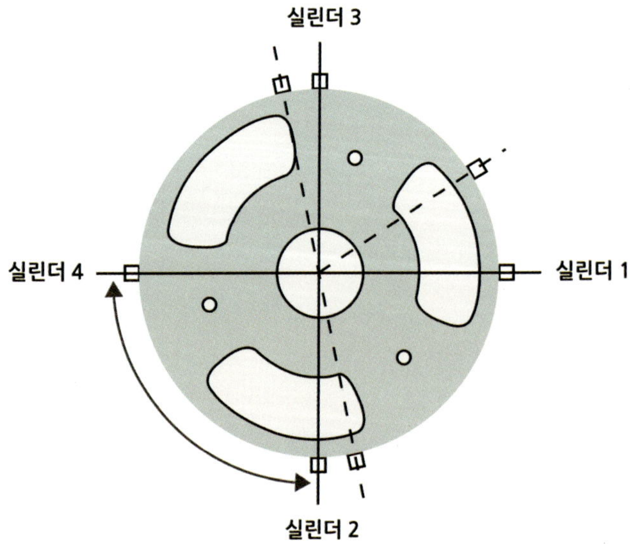

[그림 5.17] 홀센서의 위치와 작동원리

홀센서의 파형

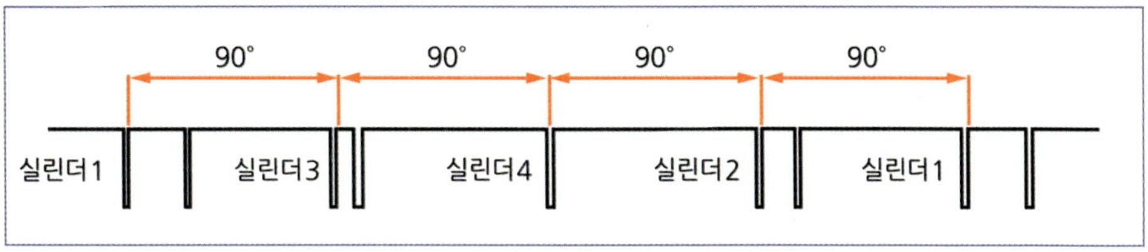

홀센서의 파형은 사각형 파형(직각파)으로 나타난다. 크랭크축의 엔진회전수와 함께 캠축의 실린더 인식 및 캠축의 회전수정보는 엔진 제어관리 시스템에서 매우 중요한 변수이다.

캠축 센서에 결함이 발생할 경우엔 아래와 같은 현상이 발생할 수 있다.

- 진단에 오류코드가 설정된다.
- 엔진 체크 램프(MIL)가 켜진다.
- 엔진 제어 장치에 비상 프로그램이 작동한다.

캠축 홀센서의 주요 결함 원인은 다음과 같다.

- 기계적 손상
- 회전자의 톱니 손상
- 단락
- 통신 및 전기공급선 연결 불량

주요 진단 방법

- 진단기를 통한 오류 메모리 읽기
- 센서의 육안 검사
- 연결부의 파손, 부식 및 적절한 연결 상태 점검
- 오실로스코프를 이용한 점검 테스트

흡입공기 질량센서(MAF : Mass Air Flow)

엔진으로 유입되는 흡입공기량 센서는 배압원리로 작동되는 보쉬 제품이 80년대 중반까지 주류를 이루었다. 70년대말 독일 보쉬사가 개발한 제트로닉(KE Jetronic) 분사방식은 흡입 매니홀드안에서 연료를 분사하는 방식이었다. 이때 공기량센서는 흡입공기의 흐름을 전위차계(가변저항계)를 이용해 측정한다.

당시 공기량센서는 단순히 공기 부피만을 측정해 연료분사량을 결정했었다. 하지만 이를 토대로 한 연료분사량과 점화 시기가 정확하지 않아서 효율이 낮았고 정확한 연료 분사량을 계산하기 어려웠다.

80년대 들어 열선(Hot Wire) 측정방법으로 온도, 압력, 습도 등 공기 질량을 측정하는 열선공기질량센서(MAF: Mass Air Flow)가 등장했으며 1996년에는 등장한 열필름(Hot Film)방식의 센서는 지금까지 이용되고 있다. 현재는 디지털신호로 송신되는 8세대 열필름 방식(MAF-8) 센서까지 나와 있다. 열선방식이나 열필름 방식의 작동원리는 기본적으로 같다.

공기질량 센서에서 측정하는 흡입공기의 양과 밀도, 압력, 온도 그리고 배기가스 내 산소잔류량 등은 엔진 회전수와 더불어 연료분사량과 점화시기를 정하는데 아주 중요한 핵심 변수이기 때문에 엔진제어관리 시스템에서는 아주 중요하다.

특히 보다 엄격한 배출가스기준과 친환경자동차를 지향함에 있어 단순히 흡입공기의 부피를 측정하는 것은 분사량 계산과 점화시기 결정에 그다지 큰 영향을 주지 못한다. 즉 흡입공기의 부피는 정확한 분사량 계산과 점화시기 결정에 전혀 도움이 되지 않는다. 그리고 흡입공기의 무게와 연료의 무게와의 비례율(14.7:1)인 공연비의 계산도 단순히 부피를 재는 것보다는 무게 즉 질량을 재는 것이 더 정확하다.

때문에 엔진 제어변수로서 흡입공기의 부피는 큰 의미가 없어졌고 흡입공기의 질량을 포함한 압력, 온도 그리고 습도 등이 더 중요해졌다. 따라서 상황에 맞는 정확한 공연비계산을 위해서는 실린더 내의 연소에 의미있는 공기 질량(무게)을 측정하는 센서가 필요해졌고 그에 맞게 등장한 것이 열선 및 열필름 방식의 공기질량 센서다.

열선방식의 공기질량 센서

공기질량센서 내에서 공기흐름, 즉 유동 저항을 측정하는 포인트는 흡입공기 홀드 내에 설치된 바이 패스 채널에서 발생하는 맥동을 다중 측정하는 것이다.

공기 질량센서는 주로 백금(Platin)박막을 입힌 열선을 사용하며 흡입공기 온도센서와 함께 구성되어 있다. 열선은 자동차 보드네트워크의 에너지 즉 배터리 전기로 가열되는데 이때 열선을 가열하는 전류는 공기온도센서가 보낸 측정값을 바탕으로 결정한다.

가열 전류는 공기질량센서의 전자 제어 장치에 의해 조절되어 열선과 공기 흐름 (100°C) 사이의 온도 차이 100℃를 일정하도록 유지시킨다. 열선을 통과하는 흡입공기가 많아질수록 열선은 냉각되고 온도차이를 일정하게 유지하기 위해서 냉각된 열선을 전류로 가열한다. 이때 공급되는 전류가 커지는 원리로 흡입 공기의 질량을 계산한다.

따라서 가열 전류값은 바어 패스 채널을 통해 흐르는 공기 질량을 재는 기본값이 된다. 이러한 온도 보상 측정 원리로 흡입공기의 기압 및 온도 변동을 정확하게 측정할 수 있다,

열선은 먼지나 입자에 내난히 민감하다. 따라서 엔진을 정지한 후엔 자동으로 열선을 약 1000°C까지 순간 가열시켜 열선요소에 묻은 먼지와 불순물 입자들을 깨끗하게 태워주도록 한다. 그래야 다음 시동 때 먼지나 입자에 의한 측정값의 오류를 최소화할 수 있다.

[그림 5.18] 열선 방식의 공기질량센서

열필름 방식의 공기질량 센서

열필름방식의 공기질량센서는 1989년 독일 보쉬사가 처음 개발해 90년대 중반에 볼보 240모델에 처음으로 적용 양산되었다.

열필름 방식은 미리 가열한 열필름이 유입되는 공기의 흐름으로 인해 냉각되면 열선의 온도 유지를 위해 전류가 공급되는데, 이 전류의 변화를 데이터화해서 제어기(ecu)로 보내 유입되는 공기의 질량을 구하는 방식이다. 이 방식은 열선방식과 동일하지만 세라믹 판 위에 설치된 센서시스템이어서 열선방식처럼 시동이 멈춘 뒤 1000℃까지 올려 먼지나 불순물을 태우는 히터장치는 필요하지 않다는 장점이 있다.

열필름방식에서 가열 전류는 아날로그 전압 신호(0[V]~5[V])로 변환되고, 가솔린엔진의 연료분사량과 디젤엔진의 배기가스재순환장치(EGR)의 가동률은 열필름방식 공기질량센서의 전압신호를 받아 엔진 제어기(ECU)에서 결정된다.

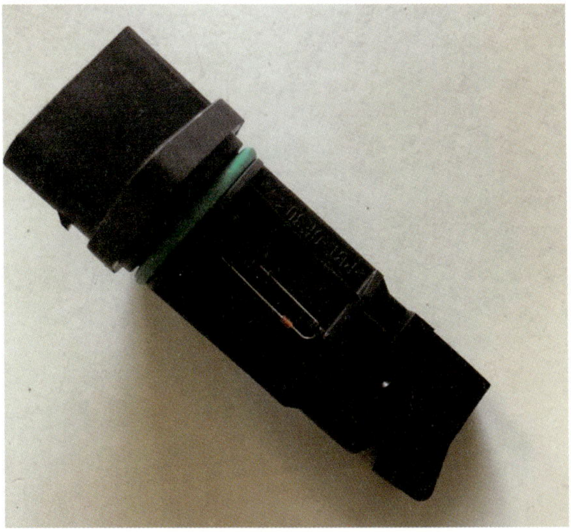

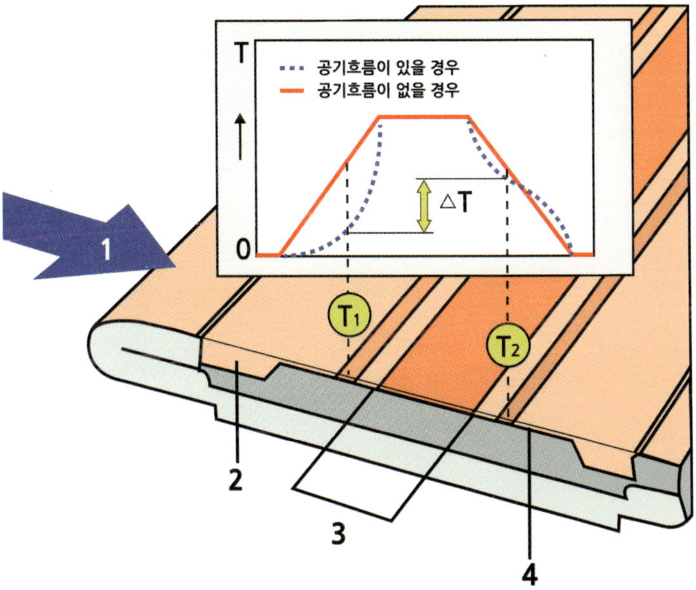

1. 공기흐름방향　　2. 센서요소
3. 히터존　　4. 맴브레인

[그림 5.19] 열필름 방식의 공기 질량센서(2014년식 BMW 320)와 작동방식

지금까지 가장 많이 생산된 공기질량 센서(MAF)로는 1996년에 출시된 보쉬사의 열필름방식센서인 HFM-5모델이 있으며, 2002년부터는 센서에서 직접 디지털신호로 변환되어 엔진제어기(ECU)로 송출되는 6세대 공기질량센서(MAF)가 일반화 되었다.

현재 출시되고 있는 신차종에는 흡입공기의 무게와 압력, 온도 그리고 습도를 측정해 디지털 신호로 송신하는 7세대 공기질량센서가 장착되고 있다. 센서의 연결핀은 제작사마다 조금씩 다르므로 센서 제작사의 코드를 확인하면 된다. 7세대 센서의 핀은 7개다.

얼마전 개발을 마치고 곧 신차종에 장착될 8세대 공기질량센서는 상황에 따른 흡입 공기의 무게와 온도, 습도 등을 더욱 정밀하게 측정할 수 있고 SENT(Single Edge Nibble Transmission)기반의 인터페이스로 통신하기 때문에 빠르고 정확한 진단이 가능해진다.

SENT 인터페이스는 자동차 내에서 센서와 제어기 사이의 일방향 비동기신호를 니블(Nibble : 1 nibble = 1/2byte = 4비트) 단위로 빠르고 정확하게 전달하는 최적의 시스템으로 SAE J2716으로 국제 표준화 되었다.

공기질량센서 진단

폴크스바겐 5세대 골프에 적용된 공기질량센서(MAF-5)의 정격전압은 시동키를 돌려 온(on) 상태일 때 0.98[V]~1.02[V]가 된다. 이때 나타나는 전압파형이 불규칙하게 요동친다면 열필름이 손상되었거나 불순물로 인해 더러워진 상태로 판명할 수 있다. 더러워진 열필름 센서는 세척제를 사용해 세척하거나 교체한다.

엔진 공회전(아이들링)시 약 1.3[V] 엔진회전수 증가에 따라 약 4.2[V]까지 파형 변화는 정상이고 파형변화가 발생하지 않거나 회전수와 관계없이 불규칙하다면 열필름 막이 고장이거나 파손된 것이다. 진단시 대기 온도가 18℃이면 온도센서의 정격저항값은 2.4~2.7[kΩ]이다.

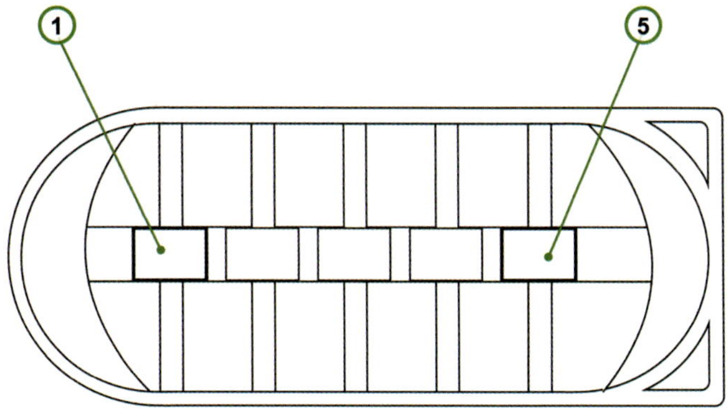

① : 흡입공기 온도센서 Ansaugluft-Temperaturfühler
② : 전력공급선 12[V]
③ : 접지
④ : 기준전압 5[V]
⑤ : 파형(시그널)

[그림 5.20] 열필름 방식의 연결핀

산소센서(람다(λ)센서 : Lambda Sensor)

내연기관, 특히 가솔린 엔진에서 실린더 내의 공기 대 연료의 혼합비율은 엔진의 효율과 배출가스에 결정적으로 작용한다.

실린더로 유입되는 공기와 분사되는 연료의 비율 즉 공연비는 람다(Lambda : λ)로 표시되며 이론상 이상적인 연소조건인 공기 14.7[kg]에 연료 1[kg]의 비율을 람다 1로 정의한다. 공연비 람다가 1보다 크면 혼합기 내의 공기비율이 높다는 의미이고 1보다 작으면 혼합기 내의 연료비율이 높다는 의미다.

보통 가솔린 피스톤 내연기관에서 최고의 성능과 출력을 내는 공연비는 0.86λ(공기 12.6[kg] : 연료 1[kg])이고 최고의 연비를 내는 공연비는 1.05(공기 15.4[kg] : 연료 1[kg])이다.

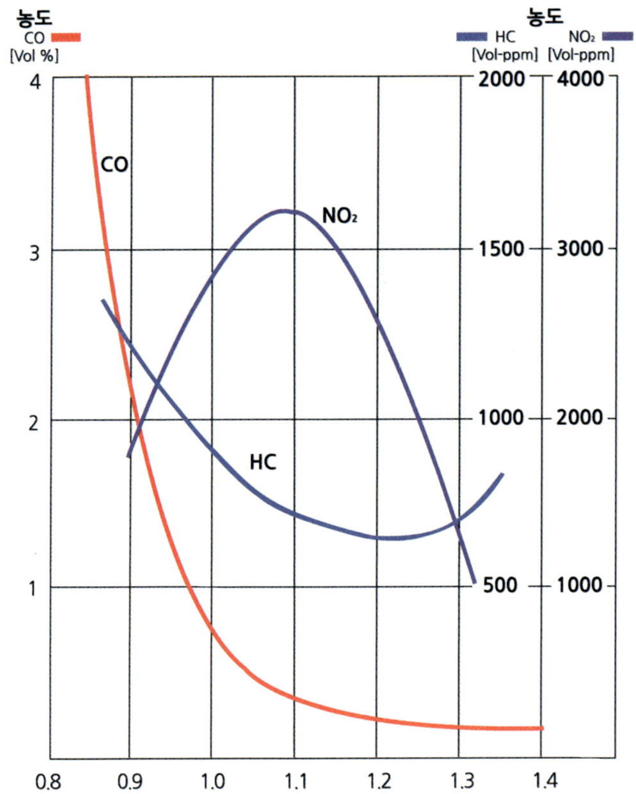

[그림 5.21] 공연비에 따른 배기가스 내 유해물질 농도

엔진의 온도와 운행조건 및 주변 조건에 따른 공연비에 의해 엔진의 효율과 배출가스의 농도가 크게 달라지기 때문에 배기가스 촉매정화(혹은 엔진후처리시스템)장치의 원활한 작동을 위해 엔진 작동 상황에 따른 공연비 조절이 필요하다.

현존하는 내연기관 피스톤 엔진의 대표적인 배기가스 유해물질은 CO(일산화탄소/이산화탄소)와 HC(탄화수소) 그리고 NO_x(질소산화물)과 PM(매연)이다. 이들 유해가스들 중 일산화탄소(CO)는 이산화탄소(CO_2)로 탄화수소(HC)는 물(H_2O)과 산소(O_2)로 산화시켜 배출되고 질소화합물(NO_x)은 질소(N)와 산소(O_2)로 환원시켜 배출된다.

디젤엔진은 매연필터(DPF ; Diesel Particulate Filter)나 요소수를 사용하는 SCR(Selective Catalytic Reduction) 장치를 이용해 매연과 질소산화물을 정화한다.

이렇게 배출가스 내에 있는 3가지의 유해물질을 산화 및 환원작용으로 정화시켜 주는 장치를 3원 촉매장치 혹은 배기가스 후처리시스템이라고 한다.

3원 촉매장치가 배기가스 내에 있는 3가지 서로 다른 유해물질의 산화와 환원을 동시에 진행하기 위해서는 엔진운행 상태와 엔진부하에 따라 0.98λ에서 1.1λ 사이의 공연비에서 작동되어야만 한다.

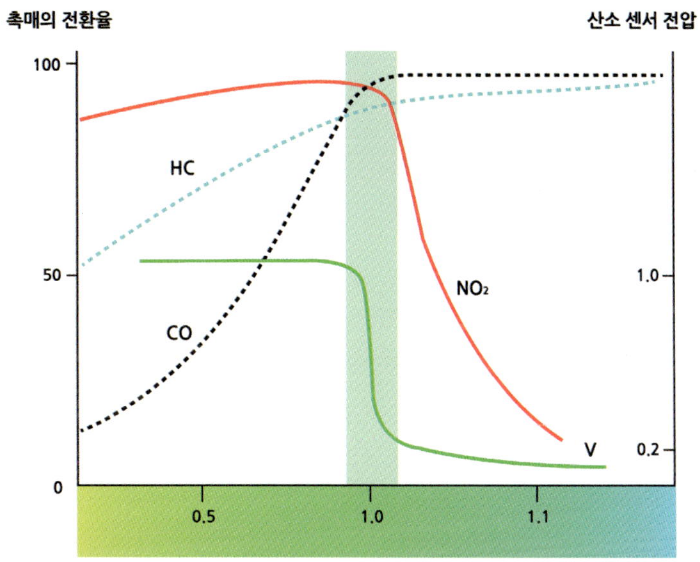

[그림 5.22] 3원 촉매의 환원율

배출가스 내에 잔존하는 산소의 함량을 측정해 대기 중의 산소량과 비교하면 실린더 내에서 이상적인 최적의 연소가 이뤄졌는지 판단할 수 있다. 엔진의 실린더 내에서 최적의 연소를 위해서는 배기가스가 가장 낮게 생성되는 공연비를 엔진 제어기(ECU)에서 정해 주어야 한다. 그래야 운행상황과 엔진부하의 정도에 맞춰 최적의 점화시기와 연료분사시기 그리고 연료분사량을 정할 수 있기 때문이다.

따라서 상황에 맞는 엔진제어를 위해 반드시 배기가스 내에 남아있는 산소함량을 정확히 측정해 엔진제어기(ECU)로 보내야 하고 이 산소함량을 지속적으로 측정하는 센서가 바로 산소센서 혹은 람다센서이다.

산소센서는 대기 중의 산소 농도(약 20.8% 정도)를 기준값으로 정해 배기가스 내 산소 농도를 지속적으로 측정해 비교한다.

예를 들어 배기가스에 잔류한 산소함량이 2%인 경우 산소센서는 약 0.1[V]의 전압을 나타내고 2% 미만의 산소함량이면 0.9[V]로 나타난다. 이 전압의 차이는 엔진제어장치로 전송되어 엔진의 부하정도와 각 상황에 따른 최적의 연소를 위한 점화 및 연료분사시기를 수정하게 된다.

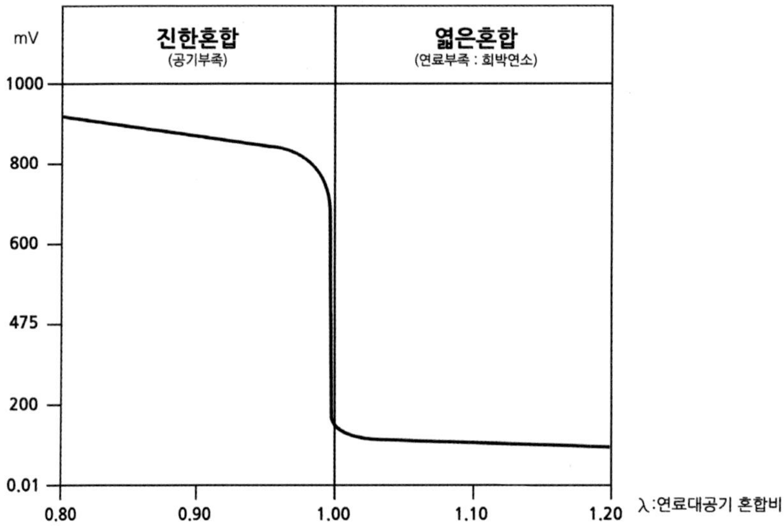

[그림 5.23] 산소센서의 공연비에 따른 전압 변화

산소센서(OZA, Zirconia Lambda Sensor)의 작동원리 및 측정

산소센서 전극의 양 측면, 즉 대기산소와 배기가스 내의 산소함량을 측정해 차이가 발생하면 mV 범위의 전압이 발생하는 원리이다.

산소센서는 표면에 가스 투과성 백금 전극이 코팅된 특수 세라믹 몸체로 구성되어 있고 세라믹 고체전해질은 금속케이스와 연결되어 있다. 세라믹 몸체의 바깥 부분은 배기 가스 흐름과 접촉하고, 내부 부분은 외부 대기와 연결되어 있다.

산소센서의 세라믹 몸체는 지르코늄(ZrO_2) 맴브레인(Membrane)으로 다공성이어서 세라믹 몸체 안으로 연결되는 대기의 산소이온 확산이 가능하고, 산소이온은 세라믹 안의 지르코늄매브레인에 산소확산 여부에 따라 약 300℃부터 전도성을 갖게 된다.

산소이온이 멤브레인에 많이 확산된다는 것은 배기가스 내의 잔존 산소가 많다는 뜻이고 이는 엔진이 희박 연소를 한다는 의미다. 즉 공연비가 크다는 뜻이다. 이는 0.1[V] 정도의 낮은 전압파형으로 엔진제어기(ECU)에 전달되고 제어기는 연료분사 시간을 늘리는 등 공연비를 진하게 맞추는 처치를 하게 된다.

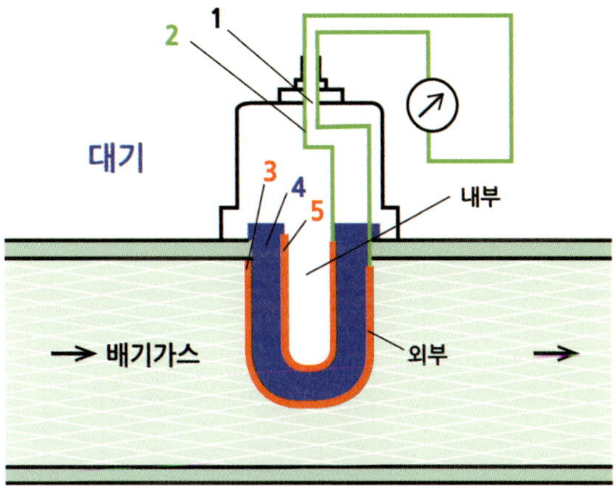

1. 음극 (마이너스)
2. 양극(플러스)
3. 외부 세라믹 코팅
4. 고체 전해질
5. 내부 세라믹 코팅

[그림 5.24] 산소센서의 구조

산소센서의 고체전해질(세라믹)은 산소이온만을 투과한다. 투과된 산소는 기준 전극에서 음으로 충전(화학 환원 과정에서 전자 결핍상태)되었다가 다른 쪽 극에서 다시 전자를 방출한다. 음으로 충전되었다는 것은 흡수된 전자로 인해 산소센서 내부에 과도한 전자가 형성되었다는 것으로 환원작용이 먼저 일어난 다음에 산화작용이 일어나게 된다.

외부에는 전자 부족으로 양극 사이에 전압이 형성되는데 이 미세한 전압의 변화를 증폭하여 제어 장치로 보내게 되는 것이다.

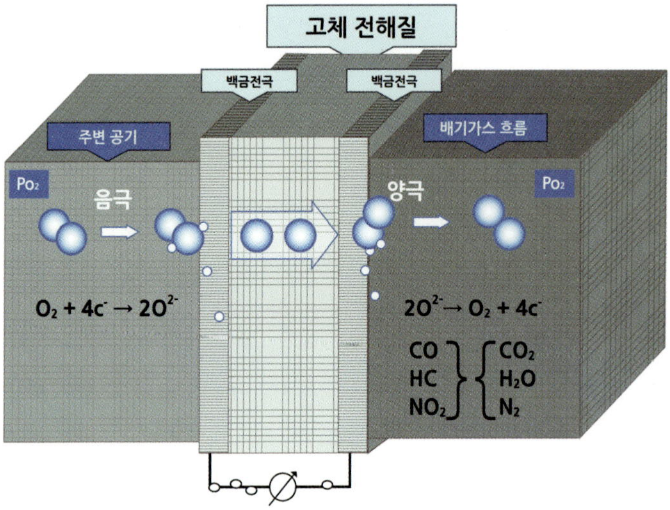

[그림 5.25] 산소센서의 기본 작동원리

지르코늄 혹은 지르코니아 산소센서는 센서히터의 타입과 센서히터의 장착 여부에 따라 타입에 따라 통상 1에서 4개의 연결선을 갖고 있다.

엔진 시동 후 곧바로 산소센서가 작동하기 위해서는 10초 이내에 250°C 정도의 고온 센서 작동온도에 도달할 수 있는 히터가 필요하다. 일반적으로 검정색은 파형 연결선이고 2개의 하얀색은 센서 히터 전압 공급선(+/-)이다.

이산화타이타늄 산소센서(OTA, TiO_2)

이산화타이타늄 센서는 전압이 아닌 저항값의 변화를 신호로 잡는다. 2개의 파형 연결선과 2개의 하얀색 히터전력 공급선 등 총 4개의 연결선을 갖고 있다.

지멘스(Simens)사가 개발한 이산화타이타늄 센서는 보통 배기가스 정화(촉매)장치 변환기 앞 배기가스관에 고정되어 있다. 이 센서는 구성부품에 갈바닉 소자가 들어있지 않아 자체 전압을 생성하지 않으므로 공연비 구성비율이 변경될 때의 저항값으로만 작동하게 된다. 저항으로 인한 전압 강하는 배기가스 내 잔류 산소에 따라서 희박공연비인 경우 0.4[V]로 떨어지며 진한 공연비의 경우 3.9[V]~5[V]로 올라간다.

이산화타이타늄센서는 온도범위 500℃에서 850℃ 사이에서 최적화된 센서이다.

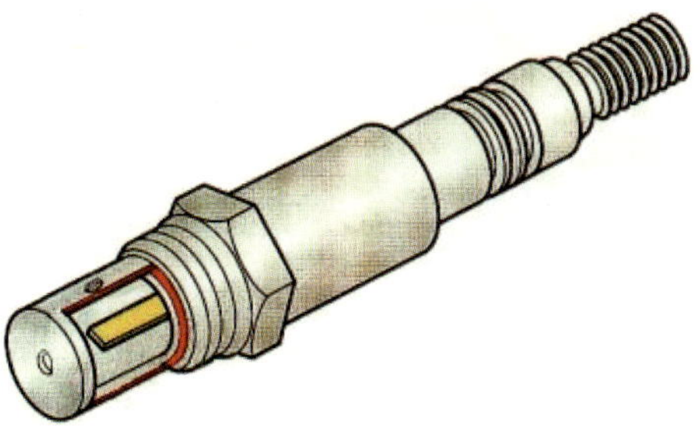

[그림 5.26] 이산화타이타늄 센서

평판형 혹은 광대역 산소센서(Wideband Sensor)

디젤엔진이나 직분사 가솔린 희박연소엔진은 공연비가 넓어서 기존 방식의 산소센서로는 한계가 있기 때문에 좀 더 넓은 범위의 공연비를 조절할 수 있는 센서가 필요하게 되었다. 이에 맞게 나온 센서가 바로 광대역 산소센서로 공연비 0.0에서 2.5 사이를 연속적으로 측정할 수 있다.

광대역 산소센서는 두 개의 세라믹 몸체, 즉 측정셀(공간)과 펌프셀이라는 두 개의 셀(ZrO_2)로 되어 있다. 쉽게 표현하자면 지르코니아 산소센서의 세라믹 전해질(세라믹 셀) 두 개를 평행하게 붙여놓은 것이다. 하나는 측정셀이고 다른 하나는 펌프셀이다.

측정셀은 배기가스 내의 산소 함량을 450[mV]로 하고 ECU에서 미리 설정된 기준값과 비교해 측정값을 얻는다. 이때 측정값이 ECU의 기준값을 벗어나면 대기측의 전극과 측정셀의 전극 사이의 전압값이 450[mV]가 될 때까지 산소이온을 펌핑 전류의 도움으로 측정셀 안팎으로 펌핑한다. 이 때 필요한 펌핑전류 즉 펌핑 전압이 공연비를 나타내는 척도가 된다.

펌핑 전류는 1000분의 1초 단위이기 때문에 일반 멀티미터로는 측정이 불가능하고 반드시 OBD 스캔 툴(Scan Tool)을 이용해 엔진제어기의 실제값으로만 읽어낼 수 있다. 보통 평판 광대역 산소센서의 펌핑전류는 람다 0.7 부근에서 -2[mA]이다.

[그림 5.27] 광대역센서

압력센서

피에조 압전센서

"피에조(Piezo)"는 희랍어로 압력이라는 뜻이다. 라듐과 플로늄을 발견해 노벨물리학상과 노벨화학상 2개나 받은 세기의 천재 마리 퀴리(Marie Curie)의 남편인 피에르 퀴리(Pierre Curie)가 친형인 쟈끄(Jacques)와 함께 석영이나 전기석(붕소, 알루미늄 따위를 함유한 규산염 광물)과 같은 다양한 크리스탈 구조의 결정체에 압력을 가하면 전기가 발생한다는 것을 최초로 발견했다. 이러한 현상을 "피에조 효과 혹은 압전 효과"라고 하고 그 반대의 현상을 "역피에조효과"라고 한다.

오늘날 압전 효과는 가스 라이터, 스피커를 비롯한 많은 일상 소비재 제품에서 널리 사용되고 있으며 자동차 내연기관 분야에서도 압전효과를 이용한 센서와 액추에이터는 중요한 위치를 차지하고 있다. 특히 최근 직분사 가솔린엔진과 디젤엔진 기관의 피에조 분사밸브는 포지셔닝 시간을 단축시키고 정확한 시간에 정확한 분사량을 정하는데 있어 결정적인 역할을 담당하게 되었고, 따라서 유로 6 배출가스 기준의 충족에 필요한 필수 부품이 되었다.

현재 자동차에서 압전효과를 이용한 압전센서(Piezoresistiver Sensoren)는 대략 다음과 같다.

- 엔진 관리시스템의 흡기 매니폴드 압력 측정
- 엔진 관리시스템의 공기압력 측정
- 터보 과급기 압력 측정
- 연료 탱크의 압력 측정
- TPMS(타이어) 압력 측정 및 공기압 경고 장치
- Sensotronic Brake Control(SBC)에 대한 브레이크 압력 측정
- 디젤 분사 및 가솔린 직분사 시스템의 연료압력 측정

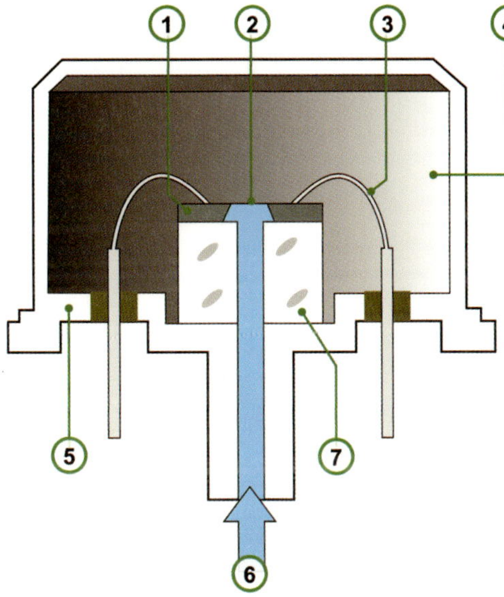

① 센서 칩 ② 멤브레인 ③ 본딩 와이어 ④ 기준 진공
⑤ 금속 하우징 ⑥ 흡기 매니폴드 압력 ⑦ 유리소켓

[그림 5.28] 압전센서의 구조

압전센서의 작동원리

그림의 센서 중앙에 위치한 가압 멤브레인은 실리콘 웨이퍼(wafer, 슬라이스, 기판)에 식각(蝕刻, etching: 에칭)공정으로 제작된다. 식각공정은 액체 또는 기체를 이용해 웨이퍼 위에 원하는 반도체 집적 회로 패턴을 제작하는 것을 말한다. 흡기매니폴드의 공기압력은 전압 혹은 전기 저항값으로 측정된다.

스트레인 게이지에 스트레인이 가해지면 길이의 변화로 인해 저항이 최소한으로 변하면서 측정된 전압이 변한다. 스트레인 게이지는 늘어나면 저항이 증가하고 반대로 압축되면 저항이 감소한다.

반도체 스트레인 게이지는 금속보다 훨씬 높은 감도를 갖지만 온도에 대한 안정성은 낮다. 실리콘으로 제조된 센서는 매우 작고 저렴하게 생산할 수 있다는 장점이 있다. 스트레인 게이지는 일반적인 압력센서에 사용되며 저항값은 수백 오옴이지만 그 저항값의 변화는 약 0.1~0.3 Ω으로 작다.

일반적으로 스트레인 게이지는 휘트스톤 브리지(Wheatstone Bridge)에 통합되어 있고 전압은 측정 브리지의 끝점에서 작용한다. 따라서 출력 전압은 브리지 사이에서 측정할 수 있다. 스트레인 게이지의 저항값이 변하면 이 전압도 변하게 된다. 그리고 이 전압은 매우 낮아서 증폭해야 한다.

이외에도 자동차 도어에 장착되는 압전센서는 자동차의 측면충돌로 인한 도어 변형의 동적 압력 변화를 감지할 수 있어 교통사고 발생시 충격에너지를 계산해낼 수 있을뿐만 아니라 사고 경로 및 교통사고 분석에도 유효하게 사용된다.

2004년부터 미국 NAHTSA DMVSS-208(National Highway Traffic Safety Administration; Federal Motor Vehicle Safety Standard and Regulations 208)은 조수석의 어린이 에어백사고에 대비할 수 있는 좌석점유 센서 장착을 의무화했다.

좌석점유 센서는 좌석의 중량을 계산해 에어백 전개용 전자장치에 전달함으로써 교통사고 발생시 에어백으로 인한 승객의 부상을 방지한다. 즉 스마트형 에어백은 지능형 압력센서를 장착하여 에어백이 승객의 몸무게에 따라 단계별로 점차적으로 팽창함으로써 특히 어린이의 부상에 대비할 수 있다.

회전모멘트(torque)센서

자동차에서 회전모멘트를 측정하는 센서는 엔진 회전모멘트외에도 최근에는 전자식 스티어링에 많이 사용된다. 회전모멘트센서는 기존 자동차에서 이미 Steer-by-Wire에 사용되고 있는데 특히 각종 조향정보들을 디지털망으로 연결할 수 있는 전자식 스티어링은 전기자동차와 미래의 자율주행 자동차에서 더욱 중요해졌다. 현존하는 전자식 토크센서는 자기저항효과(Magnetoresistance Effect)와 광전원리(Photoelectric principle)를 적용한 광학방식을 주로 사용한다.

자기저항 효과는 1856년 로드 켈빈(Lord Kelvin)과 윌리암 톰슨(William Thomson)에 의해 처음 설명되었다. 즉 자기저항 효과란 외부 자기장을 적용하여 재료의 전기 저항 변화를 설명할 수 있는 모든 효과이다. 전류의 경로변형에 의해 자기장이 영향을 받으면 도체의 저항이 증가하는 것이다. 특히 이방성 자기저항 효과(AMR : Anisotropic Magneto Resistive Effect), 거대자기 저항효과(GMR : Giant Magneto Resistive Effect), CMR(Colossal Magnetoresistance)효과, TMR(Tunnel Magnetoresistance) 효과 및 평면 홀효과(Hall -Effect) 등 다양한 효과를 포함한다.

자기저항 효과의 특성가치($\Delta R/R$)의 단위는 [%]이고 다음과 같이 주어진다.

$$\Delta R/R\,[\%] = \frac{R(H) - R(0)}{R(0)} \cdot 100$$

$R(H)$: 자기장에 종속되는 저항

$R(0)$: 외부 자기장의 영향이 없는 저항

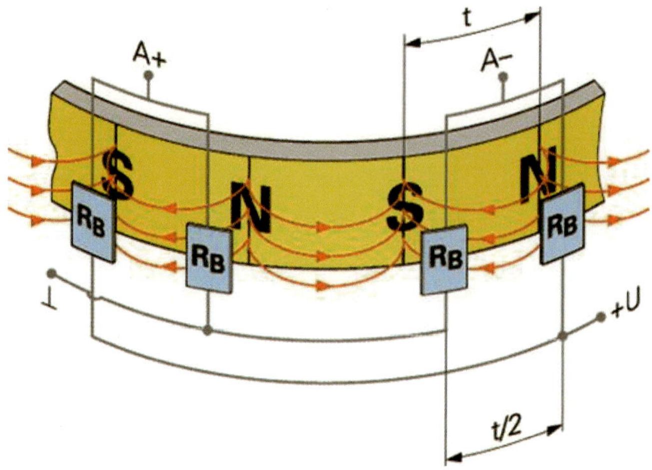

[그림 5.29] 스티어링축에 적용된 자기저항 효과 원리

위 그림처럼 스티어링 토크 센서는 자기장의 변화가 저항의 변화를 초래하는 원리를 기반으로 한다. 회전하는 자기장에 따라 RB에 걸리는 서로 다른 전압 차이로 회전 모멘트 데이터를 얻어 ECU로 보낸다. 제어 유닛은 이정보를 바탕으로 조향장치에 적용될 보조토크(Power Torque)를 계산한다.

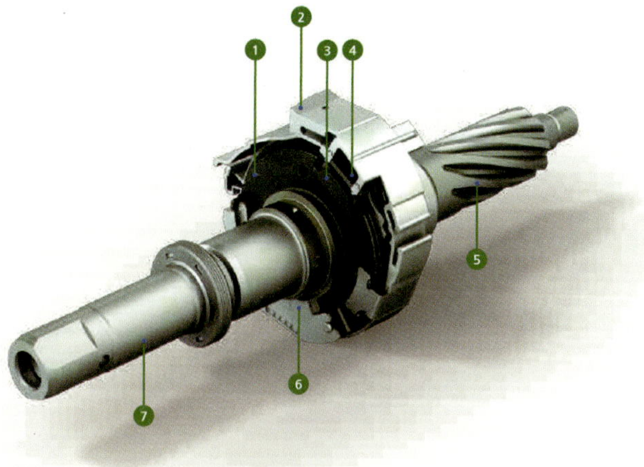

1. 센서모듈
2. 센서커넥터
3. 인덱스마그네트
4. 인덱스센서
5. 스티어링 피니언기어
6. 마그네트링
7. 스티어링축

[그림 5.30] 보쉬사의 조향장치 토크센서

광전효과는 금속에 빛을 쪼이면 전자가 튀어나오는 원리를 이용해 전압을 발행시키는 원리다. 즉 금속 등의 물질에 높은 에너지를 갖는 짧은 파장의 전자기파를 흡수시켰을 때 물질이 전자를 방출하는 현상이다. 이 원리를 이용해 조향장치의 회전 모멘트를 구하는 방식이 광학 방식이다.

조향축에 발광 다이오드와 포토다이오드를 사이에 두고 빛이 통과할 수 있도록 코드화된 원판을 스티어링 축에 장착해 회전하는 조향축에 따라 발생하는 전압차이로 조향장치의 토크 데이터를 얻는다.

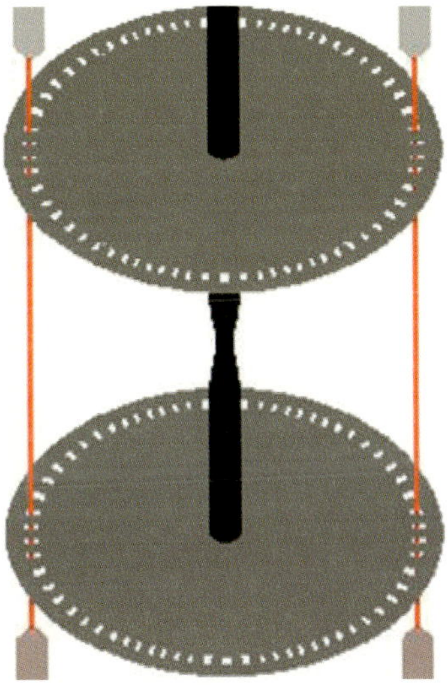

[그림 5.31] 광전방식의 회전모켄트 센서

그림에서 윗부분은 발광다이오드(LED)이고 아래 부분은 광다이오드(Fotodiode)다. 조향장치에서 광학원리에 의한 회전모멘트센서의 최대의 장점은 고해상도 및 낮은 전자파 장애, 즉 전자파 적합성 EMC(Electromagnetic Compatibility)의 감도이다. 회전각도에 대한 정보는 스티어링 또는 전자식 주행안정 장치(ESP : Electronic Stability Program)와 같은 다른 안전 및 편의 프로그램에도 사용될 수 있다는 장점도 있다.

광전방식의 회전모멘트센서는 소형 승용차인 아담 오펠(Adam Opel) 코르사(Corsa)모델의 속도감응식 파워조향장치에 처음으로 적용되었다. 이 회전모멘트센서는 전기자동차나 미래의 자율주행자동차에 장착될 Steer-by-Wire 시스템에서 가장 이상적인 회전모멘트센서가 될 것이다.

ATTACHMENT

독일의 이원화 교육시스템(duale Ausbildungsystem)과 자동차 마이스터(Kfz-Meister)

독일어 마이스터(Meister)는 스승 또는 달인이라는 뜻으로 라틴어 마기스터(Magister)에서 유래했다. 영어로는 마스터(Master), 이탈리어로는 마에스트로(Maestro)다. 마에스트로는 오케스트라 지휘자 혹은 음악가를 지칭할 때 주로 사용되기도 하는데 우리말로는 장인, 거장, 명장 등으로 부른다. 주로 예술가, 전문가들에 대해 경칭으로 사용되는데 대학에서 받는 석사나 박사학위와 비슷하지만 지식기반은 좀 다르다.

석사나 박사가 반드시 학교에서 단계별로 일정한 과정에 따라 말과 글로 전달이 가능한 명시적 지식(Explicit Knowledge)을 기반으로 연마해 받는 학위라면 마이스터는 학교교육 이외에 현장 체득지식 즉 경험적 지식(Implicit Knowledge)이나 암묵적 지식(Tacit Knowledge)의 훈련 정도 혹은 체득 여부가 보다 결정적이다.

유럽연합이 규정한 유럽의 자격시스템 체계인 EQF(European Qualification Framework)에 따르면 유럽 내에서 취득한 자동차마이스터는 최소 학사(EQF 06 : Bachelor) 혹은 석사(EQF 07: Master)와 공식적으로 동등한 인정을 받는다. 각 나라마다 조금씩 차이는 있지만 독일에서 마이스터는 학사(Bachelor)학위와 동일하다. 따라서 마이스터를 취득한 뒤에 개인의 선택에 따라 대학의 석사나 박사과정을 시작할 수 있다.

[그림 A.1] 독일 자동차마이스터 자격증

독일에서 마이스터는 두 가지 고유의 권리를 갖는다. 그 첫 번째가 상표권과 경영권이다. 즉 마이스터는 자기 이름으로 상표를 낼 수도 있고 자동차 기술관련 회사를 운영할 수도 있다. 그리고 두 번째는 교육권으로, 자동차마이스터에게는 도제(견습생)를 양성하고 교육할 수 있는 권리가 주어진다. 마이스터가 되기 위한 전단계 즉 도제교육을 위한 시스템이 바로 독일의 이원화교육(Dual Ausbildung)이고 이 과정은 전공분야에 따라 조금씩 차이는 있지만 평균 3년 반이 걸린다.

담당 교육기관들로는 연방 각 주정부 소관의 직업학교(Berufsschule), 전문학교(Fachschule), OSZ(Oberstufenzentrum) 등 주정부지역에 따라 각기 다른 이름으로 불리는 직업별 전문교육학교들과 각 지역별 자동차직능협회(Innung des-Kfz-Gewerbes) 소속의 기술혁신센터(Innovations Bildungszentrum)와 자동차 기술학교(Fachschule fuer Kfz-Technnik) 그리고 마이스터가 소속된 기업체(벤츠, 폴크스바겐 같은 대기업에서 소규모 정비업체까지 다양)가 있다.

[그림 A.2] 독일 마이스터 자동차기술 현장 교육 기업체. 업체는 반드시 교육권이 부여된 자동차마이스터가 있어야 하며 전공 마이스터에 따라 업체별로 가르치는 분여별 과목들이 조금씩 다를 수 있다. 따라서 현장에서 가르치지 못하는 것은 직능소속의 자동차 기술학교에서 배우게 된다.

아우스빌둥을 시작하기 위해서는 최소 MSA(Mittlere Schulabschuss : 10학년 졸업시험)까지만 마치면 된다. 아우스빌둥 교육기간 동안 견습생이 받는 평균 월급은 업체와 지역에 따라 다르다. 정식 아우스빌둥(Azubi)계약인 경우는 최소 650유로에서 1000유로선이며 공장 실습생으로 실습계약을 하는 경우는 정식 견습생보다는 좀 적다. 하지만 아우스빌둥이 끝나고 정식 자동차게젤레 혹은 자동차 정비전문 메카트로니커 자격증을 받게 되면 초봉 2만 유로 정도에 연차에 따라 승급되고 또 마이스터가 되면 초봉 2만 5천 유로에 연차와 개인의 능력별 차등에 의한 노동가치(Kfz-Arbeitwert)에 따른 균등한 임금이 지불된다. 5년차 되는 독일의 능력있는 자동차 마이스터인 경우 시간당 임금은 평균 150유로(한화 약 20만원) 정도로 상당히 고수익이 보장된다.

직업학교와 자동차 기술학교에 진학할 수 있는 첫 번째 조건은 기업체와의 아우스빌둥 계약 혹은 실습계약이다. 계약서를 비롯한 기본조건들이 충족되면 각 해당 직업학교에서 적성검사와 기본수학 및 기본물리와 화학 등의 입학시험절차를 통과해야 한다. 외국인들에게는 현장에서 소통이 가능한 정도의 중급(B2) 정도의 독일어도 필수다.

실습계약에 따라 실습을 시작하게 되면 연방 주정부에서 자동차 직능협회를 통해 지급하는 교육비를 보조받는다. 1년 반의 실습기간이 끝나면 정식 고용계약이나 아우스빌둥 고용계약으로 전환하게 된다.

아우스빌둥 자격 혹은 졸업시험은 학교가 아니라 수공업회의소(HWK : Handwerkskammer)나 상공회소(IHK : Industrie- und Handelskammer)에서 직접 관장하거나 혹은 소속 직능협회가 해당 마이스터학교에 위탁해 실시한다. 시험에 합격하면 자동차 메카트로니카(독일에서는 Geselle : 게젤레)라는 정식 자동차기술 전문가 자격증이 수여된다.

[그림 A.3] 독일 자동차 메카트로니카 자격증

자동차 메카트로니카가 되면 마이스터학교로 진학할 수 있다. 마이스터과정에는 하루 8시간씩 수업과 실습을 병행하는 전일제 학습과정 및 직업과 학습을 병행할 수 있는 이원제학습(Duale Meisterbildung)과정이 있다. 전일제과정은 1년 반정도, 이원제과정은 2년 이상 걸린다. 마이스터 과정에는 최신 자동차 이론과 실무는 물론이고 자동차 관련 경영학과 회계학, 법학 그리고 교육학까지 포함된다. 마이스터에게는 경영권과 더불어 교육권이 주어지기 때문이다. 독일의 마이스터시험의 평균 합격률은 35% 정도에 불과하다.

최근 독일의 일부 대학들도 4차 산업혁명의 기반이 되는 디지털화(Digitalization)에 따라 기존학습체계와 현장교육을 연계할 수 있는 이원화 대학교육시스템인 두알 스튜디움(Dual Studium)으로 변환하고 있다.

암묵적 지식을 기반으로 하는 4차 산업혁명시대에는 능동적이고 창의적인 대처능력에 대한 교육시스템, 즉 현장이 교육의 중심이 되는 시스템이 요구된다. 더불어 국제적으로 인정받을 수 있는 EQF와 같은 자격체계와 더불어 그에 준하는 전문 직업교육 및 고등교육 시스템으로의 변화는 필수이다.

Epilogue

하이브리드자동차와 전기자동차 그리고 연료전지자동차 및 고전압자동차 등의 모던 자동차들은 자동차 내의 전력화가 빠르게 진행됨에 따라 더욱 많은 다양한 센서들과 엑추에이터들이 장착되는 특징을 갖고 있다. 따라서 모던 자동차의 고장이나 오류를 빠르고 정확하게 해결하기 위해서는 관련 센서와 통신시스템을 먼저 이해하고 센서들로부터 얻은 정보전달과 처리과정 그리고 그에 따른 진단 기술 등을 정확히 파악해야 한다.

이 책은 이에 대한 이해를 돕고자 기초적이고 개략적인 내용으로 자동차의 주요 통신시스템인 캔버스(CAN-BUS)의 기본 개념들과 몇몇 중요한 센서들의 기본 기능들 및 그에 대한 기본 파형을 소개했다. 하지만 현재 자동차에 장착된 센서들의 수량에 비하면 100분의 1 정도의 내용으로 극히 일부분에 불과하다. 더구나 엑추에이터에 대한 내용이나 X-by-Wire, Drive-by-Wire 같은 전력구동 및 편의장치들은 지면관계상 그리고 시간적인 제한으로 제대로 소개조차 하지 못했다.

자동차의 다양한 통신시스템의 방대한 분량을 다 다룰 수 없는 대신에 현재 국제적인 표준화로 인증되어 사용되고 있는 CAN BUS시스템에 대해 가장 기초적이고 대략적인 기본 개념들과 차후 등장할 새로운 광통신 시스템 및 진단시스템들의 세계적 트랜드를 알 수 있도록 개요를 소개하는데 중점을 두었다.

따라서 여기에 소개된 내용들을 통해 모던 자동차들의 개발과 발전 경향 또한 엿볼 수 있는 계기가 되었으면 한다. 더불어 추후 기회가 된다면 여기서 다루지 못한 CAN 통신망 시스템 내용들과 각종 엑추에이터 및 이러한 전력화 모듈장치들에 대해 좀 더 자세히 소개할 수 있기를 기대해 본다.

이 책을 내는데 도움을 준 베를린 자동차 마이스터학교 총장인 디터라우(Dieter Rau), 부학장 라이너 울리히(Rainer Ulrich) 그리고 마이스터이면서 교사인 토마스 그레이

(Thomas Grey), 루츠 크리데만(Lutz Kridemann), 라이너 오스트(Reiner Ost), 알렉산더 프레이(Alexander Frey), 토마스 샤데(Thomas Schade)에게 지면을 통해 감사함을 전한다.

특히 자동차 전기전자분야의 독보적 전문가인 라인홀드 되르플러(Reihold Doerfler)씨에게도 자신의 도표와 그래프 등을 사용하거나 이용할 수 있도록 흔쾌히 허락해 준 데 대해 깊은 감사를 표한다. 또한 그래프와 이미지 작업을 위해 수고해준 이수현 디자이너에게도 심심한 감사를 전하고 싶다.

마지막으로 어려운 출판시장여건에도 불구하고 본 저서의 출판을 흔쾌히 허락해준 복두출판사 송광헌 대표님과 관계자분들께도 깊은 감사의 인사를 드린다.

2019년 6월 베를린에서 이경섭

참고문헌

[1] Harald H. Linz, Halwart Schrader: Die Internationale Automobil-Enzyklopädie. United Soft Media Verlag, München 2008, ISBN 978-3-8032-9876-8, Kapitel Flocken.

[2] Seminar ETG VMBG nach IEC- Report 479-1

[3] Handbuch zur Schulung von Fachkunden fur Arbeiten an HV-eigensicheren System DGUV Akademie des Deutschen Kraftfahrzeuggewerbes GmbH(TAK) 4 Auflage 2014 Bonn

[4] Vieweg Handbuch Kraftfahrzeugtechnik, Hermann Braess/Ulrich Seifert 6 Auflage ATZ Vieweg Teubner 2011

[5] Bussystem Konras Rief, 2012 Springer Verlag

[6] Sensoren im Kraftfahrzeug 3 Auflage, Springer Verlag

[7] On-Board- Dignose und moderne Abgasnachbehandlung, Uwe Rokosch, 2006, Vogel

[8] Fehlerdiagnose an vernenetyten Systemen Martin Frei, 4 Auflage 2018 Krafthand medien GmbH

[9] Motormanagement Sensoren Aufbau, funktion und Pruefung mit dem Oszilloskop, Gerald Schneehage, 4 auflage, 2018 Krfat medien GmbH

[10] Diagnosetechnik 6 verknuepfte Fahrzeugsysteme, K6/15 Lehgang, Innung des Kraftfahrzeuggewerbes Berlin.

[11] Unterlagen fuer Hochvolt Fahrzeug, EuP Lehrmaterial, 2018, Fachscule fuer Kfz -Technk, Kfz Meister Schule in Berlin

[12] Signale in Bildern, Handbuch der Diagnosetechnik, Band Ottomotor und Sensoren, 3 Auflage Reinhard Preis 2011

[13] Der Kfz-Signalatlas, Signale aus der Kraftfahrzeugelektronik, Reihold Doerfler 2 Auflage 2012, Verlag Reinhold Doerfler

[14] Stoersignale im Kfz- Boardnetz, Reinhold Doerfler, 2008 Schulungen und Seminare

[15] Sensortechik am Kfz, Reinhold Doerfler, 2019, Schulungen und Seminare

[16] CAB-BUS ... ganz einfach! Reinhold Doerfler, 2 Auflage, 2011, verlag Reinhold Doerfler

[17] CAN-BUS Lin Most FlexRay und Software Harald Huppertz, ISBN 9781534914162

[18] Bosch Ottomotormanagement 3 Auflage, 2005 Robert bosch Gmbh

[19] OBD Fahrzeugdiagnose in der Praxis, Florian Schaeffer, 2012, Fanzis Verlag GmbH

[20] Energierevolution Brennstoffzelle Martin Pehnt, 2002, Wiley-VCH

[21] VW-Brochure

[22] BMW-Brochure

[23] Mercedes-Brochure

[23] AUDI-Brochure

[24] Bosch-Brochure

[25] Opel-Brochure

진단 및 센서

고전압 자동차와 CAN-OBD

2019년 11월 1일 1판 1쇄 발행

저자 이경섭
발행인 송광헌
기획/진행 최명규
편집 한승희
표지 문한나

펴낸곳 복두출판사
출판등록 | 1993년 11월 22일 제10-902호
주소 | 서울 영등포구 경인로82길 3-4 807호(문래동 센터플러스)
전화번호 | 02-2164-2580 팩스 | 02-2164-2584
이메일 | info@bogdoo.co.kr
홈페이지 | www.bogdoo.co.kr

ISBN 979-11-5906-582-8 93550

값 20,000원